普通高等院校"十二五"规划教材

基 础 数 学 Ⅱ

（线性代数与概率统计）

沈大庆　主编
马吉臣　沈利英　张红宁　副主编

国防工业出版社

·北京·

内 容 简 介

本教材分两大部分内容,第一部分为线性代数,第二部分为概率统计。线性代数部分的内容包括行列式、矩阵和线性方程组的基本概念和基本理论,以及使用数学软件 Matlab 求解行列式、线性方程组的方法。概率统计部分的内容包括随机事件的概率、一维随机变量、统计量及其分布、参数估计、假设检验、方差分析和回归分析的基本概念和理论,以及使用数学软件 Matlab 求解概率统计问题的方法。

图书在版编目(CIP)数据

基础数学.2,线性代数与概率统计/沈大庆主编.—北京:国防工业出版社,2023.1 重印
ISBN 978-7-118-10022-8

Ⅰ.①基… Ⅱ.①沈… Ⅲ.①高等数学—高等学校—教材②线性代数—高等学校—教材③概率论—高等学校—教材④数理统计—高等学校—教材 Ⅳ.①O13

中国版本图书馆 CIP 数据核字(2015)第 033446 号

※

国防工业出版社 出版发行
(北京市海淀区紫竹院南路 23 号 邮政编码 100048)
莱州市丰源印刷有限公司印刷
新华书店经销

*

开本 787×1092 1/16 印张 11½ 字数 260 千字
2023 年 1 月第 1 版第 3 次印刷 印数 6001—8000 册 定价 32.00 元

(本书如有印装错误,我社负责调换)

国防书店:(010)88540777 书店传真:(010)88540776
发行业务:(010)88540717 发行传真:(010)88540762

前　言

本教材是作者尝试应用型大学数学教学内容改革的第二本教材。线性代数部分涉及行列式、矩阵和线性方程组；概率论部分涉及随机事件及其概率、随机变量及其分布、数字特征；统计部分涉及数理统计的基本概念、参数估计、假设检验、单因素方差分析和一元线性回归分析。教材的编写依然遵循着作者《基础数学Ⅰ高等数学》中的简单、压缩、淡化和与软件相结合四个原则。

应用型高校的数学教学内容改革应考虑到学校的定位和培养目标以及学生的实际情况，要适当降低理论要求，突出应用、内容宽泛。一方面借助数学软件、淡化定理的推导和某些抽象的、形式化的表述、简化繁复的计算过程，使原本一学年教授的课程压缩到一学期来讲授；另一方面力争保持数学理论的系统性和逻辑性。任何数学的应用都是建立在一定的数学理论基础上的，否则，应用就是无源之水、无本之木。应从应用中来到应用中去的教学内容讲述上传授数学的思维，在提供专业所需工具的同时努力实现大学数学教育的各种功能，即大学数学教育应是学生终生学习的一个环节，要着眼学生今后的可持续发展，扩大学生的视野，应能够提高学生的综合素质，有助于学生提高观察想象能力、逻辑思维能力、创造性思维能力、分析问题和解决问题的能力，以及加强科学精神和科学态度。

数学内容的讲述能够生动有趣，易于学生接受也一直是作者所追求的目标，但是目前还远远没有达到，有待在今后加完改善。

本教材的第一、二章由崔艳英编写；第三章由李繁荣编写；第四、五、六章由马吉臣和张红宁编写；第七、八章由沈利英编写第九、十章由刘亚轻编写。

编　者

2014年12月

目 录

第1章 行列式 1
  1.1 n 阶行列式 1
    1.1.1 二、三阶行列式 1
    1.1.2 n 阶行列式 3
  1.2 行列式的计算 5
    1.2.1 行列式的性质 5
    1.2.2 行列式按一行(列)展开 8
    1.2.3 用 Matlab 计算行列式 10
  1.3 克莱姆(Cramer)法则 11
  习题1 13

第2章 矩阵 17
  2.1 矩阵的基本概念及运算 17
    2.1.1 矩阵的基本概念 17
    2.1.2 矩阵的基本运算 18
  2.2 几种特殊的方阵 23
    2.2.1 对角矩阵 23
    2.2.2 数量矩阵 24
    2.2.3 单位矩阵 24
    2.2.4 三角形矩阵 25
    2.2.5 对称矩阵 25
  2.3 逆矩阵 26
  习题2 28

第3章 线性方程组 31
  3.1 矩阵的初等变换 31
  3.2 方程组的消元解法 33
  3.3 线性方程组的应用 40
    3.3.1 网络流模型 40
    3.3.2 电网模型 42
    3.3.3 经济系统的平衡 44
    3.3.4 配平化学方程式 45

习题 3 ··· 46

第 4 章　随机事件及其概率 ·· 49
4.1　随机事件 ··· 49
4.1.1　随机现象 ·· 49
4.1.2　随机事件 ·· 49
4.1.3　事件的关系与运算 ·· 50
4.1.4　互不相容的事件和完备事件组 ·· 51
4.2　随机事件的概率 ··· 51
4.2.1　概率的公理化定义 ·· 52
4.2.2　统计概率 ·· 52
4.2.3　古典概率 ·· 53
4.2.4　几何概率 ·· 55
4.3　条件概率与乘法法则 ··· 56
4.3.1　条件概率 ·· 56
4.3.2　乘法法则 ·· 58
4.3.3　全概率定理与贝叶斯定理 ·· 58
4.4　事件的独立性与试验的独立性 ··· 60
4.4.1　事件的独立性 ·· 60
4.4.2　n 重贝努利试验 ·· 61
　　习题 4 ··· 63

第 5 章　随机变量及其分布 ·· 67
5.1　随机变量 ··· 67
5.2　离散型随机变量及其分布 ··· 67
5.2.1　概率分布 ·· 67
5.2.2　离散型随机变量常见的分布 ·· 68
5.3　连续型随机变量的分布 ·· 74
5.3.1　连续型随机变量和概率密度函数 ·· 74
5.3.2　几个常用的连续型随机变量的概率密度 ····································· 76
5.4　随机变量的分布函数 ··· 80
5.4.1　随机变量的分布函数 ··· 80
5.4.2　离散型随机变量的分布函数 ·· 81
5.4.3　连续型随机变量的分布函数 ·· 82
5.5　随机变量函数的分布 ··· 84
　　习题 5 ··· 85

第 6 章　随机变量的数字特征 ··· 91
6.1　数学期望 ··· 91

		6.1.1 数学期望的定义 ………………………………………… 91

- 6.1.1 数学期望的定义 ………………………………………… 91
- 6.1.2 常见分布的数学期望 …………………………………… 93
- 6.1.3 随机变量函数的数学期望 ……………………………… 95
- 6.1.4 数学期望的性质 ………………………………………… 98

6.2 方差 ……………………………………………………………… 99
- 6.2.1 方差的定义 ……………………………………………… 99
- 6.2.2 常见分布的方差 ………………………………………… 101
- 6.2.3 方差的性质 ……………………………………………… 104

习题 6 …………………………………………………………………… 106

第 7 章 样本及抽样分布 …………………………………………………… 109

7.1 样本与样本分布 ………………………………………………… 109
- 7.1.1 总体、个体及样本 ……………………………………… 109
- 7.1.2 样本的分布 ……………………………………………… 110

7.2 抽样分布 ………………………………………………………… 111
- 7.2.1 统计量 …………………………………………………… 111
- 7.2.2 χ^2 分布、t 分布与 F 分布 ……………………………… 113
- 7.2.3 抽样分布 ………………………………………………… 118

习题 7 …………………………………………………………………… 118

第 8 章 参数估计 …………………………………………………………… 121

8.1 点估计 …………………………………………………………… 121
- 8.1.1 矩估计 …………………………………………………… 121
- 8.1.2 极大似然估计法 ………………………………………… 124

8.2 区间估计 ………………………………………………………… 128
- 8.2.1 正态总体期望值 EX 的区间估计 ……………………… 129
- 8.2.2 正态总体方差 σ^2 的区间估计 ………………………… 130

习题 8 …………………………………………………………………… 132

第 9 章 假设检验 …………………………………………………………… 135

9.1 假设检验的原理 ………………………………………………… 135
- 9.1.1 假设检验的原理与步骤 ………………………………… 135
- 9.1.2 两类错误 ………………………………………………… 136

9.2 正态总体参数的假设检验 ……………………………………… 137
- 9.2.1 正态总体均值的假设检验 ……………………………… 137
- 9.2.2 正态总体方差的假设检验 ……………………………… 141

习题 9 …………………………………………………………………… 143

第 10 章 方差分析与线性回归分析 ……………………………………… 146

10.1 单因素方差分析 ………………………………………………… 146

  10.2　一元线性回归分析模型 ·· 152
    10.2.1　一元线性回归模型 ·· 152
    10.2.2　模型未知参数的估计 ·· 153
  10.3　一元回归模型线性假设显著性检验 ······································ 157
  习题 10 ··· 160
习题参考答案 ··· 164
参考文献 ··· 175

第一篇 线性代数

本篇主要讲述线性方程组理论。线性方程组是线性代数的基本内容,它不仅是数学中非常重要的基础理论,也是科学研究、工程技术的数学工具,超过75%的科学研究和工程应用中的数学问题,在某个阶段都涉及求解线性方程组。线性方程组理论广泛应用于商业、社会学、经济学、金融学、生态学、人口统计学、遗传学、电子学以及物理学等领域。

第1章 行 列 式

行列式是在研究线性方程组的求解时提出的一个概念。建立一个法则用行列式表示线性方程组的解是人们研究行列式理论的最初动机。

1.1 n 阶行列式

1.1.1 二、三阶行列式

用消元法解二元线性方程组

$$\begin{cases} a_{11}x_1 + a_{12}x_2 = b_1 \\ a_{21}x_1 + a_{22}x_2 = b_2 \end{cases}$$

若 $a_{11}a_{22} - a_{12}a_{21} \neq 0$,则线性方程组有唯一解

$$x_1 = \frac{b_1 a_{22} - b_2 a_{12}}{a_{11}a_{22} - a_{12}a_{21}}, x_2 = \frac{b_2 a_{11} - b_1 a_{21}}{a_{11}a_{22} - a_{12}a_{21}}$$

下面引入记号

$$\begin{vmatrix} a_{11} & a_{12} \\ a_{21} & a_{22} \end{vmatrix} = a_{11}a_{22} - a_{12}a_{21}$$

等式的左边是由4个数构成的方块,称为**二阶行列式**。这个方块从左上角到右下角的连线称为**主对角线**,从右上角到左下角的连线称为**次对角线**。一个二阶行列式的值等于其主对角线上两个数的乘积与其次对角线上两个数的乘积之差。

利用二阶行列式,上述线性方程组的解就可以用易于记忆的形式表示如下:

1

$$x_1 = \frac{\begin{vmatrix} b_1 & a_{12} \\ b_2 & a_{22} \end{vmatrix}}{\begin{vmatrix} a_{11} & a_{12} \\ a_{21} & a_{22} \end{vmatrix}} = \frac{D_1}{D}, x_2 = \frac{\begin{vmatrix} a_{11} & b_1 \\ a_{21} & b_2 \end{vmatrix}}{\begin{vmatrix} a_{11} & a_{12} \\ a_{21} & a_{22} \end{vmatrix}} = \frac{D_2}{D}$$

其中,$D = \begin{vmatrix} a_{11} & a_{12} \\ a_{21} & a_{22} \end{vmatrix}, D_1 \begin{vmatrix} b_1 & a_{12} \\ b_2 & a_{22} \end{vmatrix}, D_2 = \begin{vmatrix} a_{11} & b_1 \\ a_{21} & b_2 \end{vmatrix}$。

在解的表达式中,分母都是方程组的系数行列式,即方程组中未知量 x_1、x_2 的系数按原次序构成的二阶行列式,x_1 的分子是将系数行列式的第一列改为常数项后所得的二阶行列式,x_2 的分子是将系数行列式的第二列改为常数项后所得的二阶行列式。

例 1.1.1 利用行列式解线性方程组 $\begin{cases} x + 2y = 3 \\ 4x + 5y = 6 \end{cases}$

解 利用前面得到的结果有

$$x = \frac{\begin{vmatrix} 3 & 2 \\ 6 & 5 \end{vmatrix}}{\begin{vmatrix} 1 & 2 \\ 4 & 5 \end{vmatrix}} = \frac{3}{-3} = -1, y = \frac{\begin{vmatrix} 1 & 3 \\ 4 & 6 \end{vmatrix}}{\begin{vmatrix} 1 & 2 \\ 4 & 5 \end{vmatrix}} = \frac{-6}{-3} = 2$$

故方程组的解为 $x = -1, y = 2$。

对于三元线性方程组的解也有类似的结果。如果定义**三阶行列式**

$$\begin{vmatrix} a_{11} & a_{12} & a_{13} \\ a_{21} & a_{22} & a_{23} \\ a_{31} & a_{32} & a_{33} \end{vmatrix} = a_{11}a_{22}a_{33} + a_{12}a_{23}a_{31} + a_{13}a_{21}a_{32} - a_{13}a_{22}a_{31} - a_{12}a_{21}a_{33} - a_{11}a_{23}a_{32}$$

那么,当 $D = \begin{vmatrix} a_{11} & a_{12} & a_{13} \\ a_{21} & a_{22} & a_{23} \\ a_{31} & a_{32} & a_{33} \end{vmatrix} \neq 0$ 时,线性方程组

$$\begin{cases} a_{11}x_1 + a_{12}x_2 + a_{13}x_3 = b_1 \\ a_{21}x_1 + a_{22}x_2 + a_{23}x_3 = b_2 \\ a_{31}x_1 + a_{32}x_2 + a_{33}x_3 = b_3 \end{cases}$$

有唯一的解

$$x_1 = \frac{D_1}{D}, x_2 = \frac{D_2}{D}, x_3 = \frac{D_3}{D}$$

其中

$$D_1 = \begin{vmatrix} b_1 & a_{12} & a_{13} \\ b_2 & a_{22} & a_{23} \\ b_3 & a_{32} & a_{33} \end{vmatrix}, D_2 = \begin{vmatrix} a_{11} & b_1 & a_{13} \\ a_{21} & b_2 & a_{23} \\ a_{31} & b_3 & a_{33} \end{vmatrix}, D_3 = \begin{vmatrix} a_{11} & a_{12} & b_1 \\ a_{21} & a_{22} & b_2 \\ a_{31} & a_{32} & b_3 \end{vmatrix}$$

三阶行列式的计算公式比较复杂,可以通过对角线法来记忆:

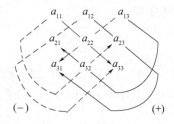

实线连接三项的乘积与虚线连接三项的乘积乘以 -1(共六项)相加。

例 1.1.2 计算三阶行列式 $D = \begin{vmatrix} 1 & 0 & -1 \\ 0 & 1 & -1 \\ 1 & -1 & 0 \end{vmatrix}$ 的值。

解
$$D = 1 \times 1 \times 0 + 0 \times (-1) \times 1 + (-1) \times (-1) \times 0 - 1 \times 1 \times \\ (-1) - 0 \times 0 \times 0 - (-1) \times (-1) \times 1 = 0$$

人们自然想到将二元、三元线性方程组关于解的结论推广到 n 元线性方程组,但这首先需要给出由 n^2 个数构成的 n 行 n 列的记号(n 阶行列式)适当的定义,而要给出 n 阶行列式的适当定义,首先应考虑将二、三阶行列式的共性提取出来加以推广。

1.1.2 n 阶行列式

根据上述定义,三阶行列式的值由 9 个数 $a_{ij}(i=1,2,3;j=1,2,3)$ 所决定。每个数 a_{ij} 都有两个下标 i 和 j,第一个下标 i 表示这个数所在的行,第二个下标 j 表示这个数所在的列。三阶行列式的值是 6 个乘积项的代数和,其中的每个项是位于不同行、不同列的 3 个数的乘积。事实上,这个行列式是所有位于不同行、不同列的 3 个数的乘积的代数和,有的乘积前面取正号,有的乘积前面取负号。因此三阶行列式可以表示成

$$\begin{vmatrix} a_{11} & a_{12} & a_{13} \\ a_{21} & a_{22} & a_{23} \\ a_{31} & a_{32} & a_{33} \end{vmatrix} = \sum (\pm a_{1i_1} a_{2i_2} a_{3i_3})$$

其中,i_1,i_2,i_3 是 1,2,3 这 3 个数的排列,$\sum$ 表示对所有这种排列求和。由二阶行列式的定义可知二阶行列式也是类似的代数和。因此,要将二、三阶行列式推广到 n 阶行列式,关键是要找到排列 i_1,i_2,i_3 与相应的乘积项前正、负号之间的一个明确联系。为此,先给出 **n 级排列**及其逆序数的概念。

由 n 个自然数 $1,2,\cdots,n$ 按任意次序排成的 n 元数组 $i_1,i_2,\cdots,i_n$ 称为一个 **n 级排列**(简称为**排列**)。n 级排列的特点是 $1,2,\cdots,n$,这 n 个数一个都不少且不能重复。

如 3214 是一个 4 级排列,6732541 是一个 7 级排列。所有 n 级排列共有 $n!$ 个。$123\cdots n$ 称为**自然排列**。

在 n 级排列 $i_1\cdots i_s\cdots i_t\cdots i_n$ 中,若 $i_s > i_t$,则称 i_s 与 i_t 构成一个**逆序**。一个 n 级排列 $i_1,i_2,\cdots,i_n$ 中的数构成的逆序的总数,称为该排列的**逆序数**,记作 $\tau(i_1,i_2,\cdots,i_n)$。

显然,自然排列 $123\cdots n$ 的逆序数为 0。

例 1.1.3 计算下列排列的逆序数。

(1) 45231；

(2) $n(n-1)(n-2)\cdots321$。

解 (1) 45231 的逆序有 42、43、41、52、53、51、31、21，所以 $\tau(45231)=8$。

(2) $n(n-1)(n-2)\cdots321$ 的逆序有 $n(n-1)$、$n(n-2)$、$\cdots$、$n2$、$n1$、$(n-1)(n-2)$、$\cdots$、$(n-2)1$、$\cdots$、32、31、21，所以

$$\tau(n(n-1)(n-2)\cdots321)=(n-1)+(n-2)+\cdots+2+1=\frac{n(n-1)}{2}$$

逆序数为偶(奇)数的排列称为偶(奇)排列。

容易证明：任意 n 级排列($n\geq 2$)经过一次对换后，其奇偶性改变。n 级排列中偶排列与奇排列各半，即各为 $\frac{n!}{2}$ 个。

观察三阶行列式可以看出，在 $\begin{vmatrix} a_{11} & a_{12} & a_{13} \\ a_{21} & a_{22} & a_{23} \\ a_{31} & a_{32} & a_{33} \end{vmatrix} = \sum(\pm a_{1i_1}a_{2i_2}a_{3i_3})$ 中，当 $a_{1i_1}a_{2i_2}a_{3i_3}$ 的第一个脚标排成自然排列时，第二个脚标构成的排列是偶(奇)排列时 $a_{1i_1}a_{2i_2}a_{3i_3}$ 前面是正(负)号。二阶行列式也有类似的规律。由此可以给出 n 阶行列式的定义：

由 n^2 个数 $a_{ij}(i,j=1,2,\cdots n)$ 构成的记号 $\begin{vmatrix} a_{11} & a_{12} & \cdots & a_{1n} \\ a_{21} & a_{22} & \cdots & a_{2n} \\ \vdots & \vdots & \ddots & \vdots \\ a_{n1} & a_{n2} & \cdots & a_{nn} \end{vmatrix}$ 称为 **n 阶行列式**（简称为行列式），它表示所有取自不同行不同列的 n 个数乘积的代数和，即

$$\begin{vmatrix} a_{11} & a_{12} & \cdots & a_{1n} \\ a_{21} & a_{22} & \cdots & a_{2n} \\ \vdots & \vdots & \ddots & \vdots \\ a_{n1} & a_{n2} & \cdots & a_{nn} \end{vmatrix} = \sum_{j_1j_2\cdots j_n}(-1)^{\tau(j_1j_2\cdots j_n)}a_{1j_1}a_{2j_2}\cdots a_{nj_n}$$

n 阶行列式简记为 $|a_{ij}|_n$ 或 $|a_{ij}|$。

其中 a_{ij} 称为**元素**，i 称为**行标**，表示 a_{ij} 所在的行（从上往下数依次为第一行、第二行、……、第 n 行），j 称为**列标**，表示 a_{ij} 所在的列（从左往右数依次为第一列、第二列、……、第 n 列），$a_{1j_1}a_{2j_2}\cdots a_{nj_n}$ 是**元素乘积项**（n 个不在同行同列的元素的乘积称为元素乘积项），共有 $n!$ 个项。$\sum_{j_1j_2\cdots j_n}$ 表示对 $j_1j_2\cdots j_n$ 取遍所有 n 级排列作和；上式等号右边称为 n 阶行列式的**展开式**，其值称为 **n 阶行列式的值**；n 阶行列式的值其实就是其所有元素乘积项的代数和，当元素乘积项中元素的行脚标按自然排列排好时，其符号由列脚标构成的排列 $j_1j_2\cdots j_n$ 来确定，即由 $(-1)^{\tau(j_1j_2\cdots j_n)}$ 来确定。

按行列式的定义，一阶行列式 $|a_{11}|=a_{11}$。

n 阶行列式中元素 $a_{11}a_{22}\cdots a_{nn}$ 形成的连线称为行列式的**主对角线**，元素 $a_{1n}a_{2(n-1)}\cdots a_{n1}$ 形成的连线称为行列式的**副对角线**。

例 1.1.4 用行列式定义计算 n 阶下三角行列式 $D = \begin{vmatrix} a_{11} & 0 & \cdots & 0 \\ a_{21} & a_{22} & \cdots & 0 \\ \vdots & \vdots & \ddots & \vdots \\ a_{n1} & a_{n2} & \cdots & a_{nn} \end{vmatrix}$

解 在 n 阶行列式 D 中,$a_{11}a_{22}\cdots a_{nn}$ 以外的 $n!-1$ 个项中,每一项至少都有一个因子是零,这些项都是零。所以

$$D = (-1)^{\tau(12\cdots n)} a_{11}a_{22}\cdots a_{nn} = a_{11}a_{22}\cdots a_{nn}$$

类似地,有上三角行列式且上三角行列式值也等于其主对角线元素乘积,这一结论在行列式的计算中常常用到。

例 1.1.5 用行列式定义计算 n 阶行列式 $D = \begin{vmatrix} 0 & 0 & \cdots & 0 & \lambda_1 \\ 0 & 0 & \cdots & \lambda_2 & 0 \\ \vdots & \vdots & \ddots & \vdots & \vdots \\ 0 & \lambda_{n-1} & \cdots & 0 & 0 \\ \lambda_n & 0 & \cdots & 0 & 0 \end{vmatrix}$

解 在 n 阶行列式 D 中,$\lambda_1\lambda_2\cdots\lambda_n$ 以外的 $n!-1$ 各项中,每一项至少都有一个因子是零,这些项都是零。又 $\lambda_1\lambda_2\cdots\lambda_n$ 分别来自 D 的第 1 行第 n 列、第 2 行第 $n-1$ 列、……第 n 行第 1 列。所以

$$D = (-1)^{\tau(n(n-1)\cdots 1)} \lambda_1\lambda_2\cdots\lambda_n = (-1)^{\frac{n(n-1)}{2}} \lambda_1\lambda_2\cdots\lambda_n$$

例 1.1.6 用行列式定义计算四阶行列式 $D = \begin{vmatrix} a_{11} & 0 & 0 & a_{14} \\ 0 & a_{22} & a_{23} & 0 \\ 0 & a_{32} & a_{33} & 0 \\ a_{41} & 0 & 0 & a_{44} \end{vmatrix}$

解 $D = (-1)^{\tau(1234)} a_{11}a_{22}a_{33}a_{44} + (-1)^{\tau(1324)} a_{11}a_{23}a_{32}a_{44} +$
$\quad (-1)^{\tau(4321)} a_{14}a_{23}a_{32}a_{41} + (-1)^{\tau(4231)} a_{14}a_{22}a_{33}a_{41}$
$= a_{11}a_{22}a_{33}a_{44} - a_{11}a_{23}a_{32}a_{44} + a_{14}a_{23}a_{32}a_{41} - a_{14}a_{22}a_{33}a_{41}$

例 1.1.7 在六阶行列式 $|a_{ij}|$ 中,试确定 $a_{23}a_{31}a_{42}a_{56}a_{14}a_{65}$ 所带的符号。

解 将 $a_{23}a_{31}a_{42}a_{56}a_{14}a_{65}$ 中的元素的行脚标按自然排列排好,列脚标构成的排列为 431265,$(-1)^{\tau(431265)} = (-1)^6 = 1$。所以 $a_{23}a_{31}a_{42}a_{56}a_{14}a_{65}$ 符号为正。

1.2 行列式的计算

1.2.1 行列式的性质

下面不加证明地给出由行列式的定义容易得出的行列式的若干性质,在给出性质之前先给出一个定义。

对于行列式 $D = \begin{vmatrix} a_{11} & a_{12} & \cdots & a_{1n} \\ a_{21} & a_{22} & \cdots & a_{2n} \\ \vdots & \vdots & \ddots & \vdots \\ a_{n1} & a_{n2} & \cdots & a_{nn} \end{vmatrix}$,称行列式 $\begin{vmatrix} a_{11} & a_{21} & \cdots & a_{n1} \\ a_{12} & a_{22} & \cdots & a_{n2} \\ \vdots & \vdots & \ddots & \vdots \\ a_{1n} & a_{2n} & \cdots & a_{nn} \end{vmatrix}$ 为 D 的**转置行列式**,记作 D^{T} 或 D'。

若记 $D = |a_{ij}|$,$D^{\mathrm{T}} = |a'_{ij}|$,则显然有 $a_{ij} = a'_{ji}$。

性质 1 行列式的值与它的转置行列式的值相等,即 $D = D^{\mathrm{T}}$。

有了性质 1,所有关于行列式行成立的命题,经对行列式转置后就得到对列也成立的命题,性质 1 表明行列式中行与列的地位是完全平等的。

性质 2 交换行列式 D 的两行(列),得到的行列式等于 $-D$。

推论 1 若一行列式的两行(列)的对应元素(在同一列的元素)相同,则该行列式值为零。

性质 3 用数 k 乘以行列式的某一行(列)的所有元素等于用数 k 乘以这个行列式的值,即

$$\begin{vmatrix} a_{11} & a_{12} & \cdots & a_{1n} \\ \vdots & \vdots & \ddots & \vdots \\ ka_{i1} & ka_{i2} & \cdots & ka_{in} \\ \vdots & \vdots & \ddots & \vdots \\ a_{n1} & a_{n2} & \cdots & a_{nn} \end{vmatrix} = k \begin{vmatrix} a_{11} & a_{12} & \cdots & a_{1n} \\ \vdots & \vdots & \ddots & \vdots \\ a_{i1} & a_{i2} & \cdots & a_{in} \\ \vdots & \vdots & \ddots & \vdots \\ a_{n1} & a_{n2} & \cdots & a_{nn} \end{vmatrix}$$

性质 4 若一行列式 D 的第 i 行(列)的每个元素都可以表成两项的和,则 D 等于两个行列式 D_1 与 D_2 的和,其中 D_1 第 i 行(列)第 j 列元素取 D 第 i 行(列)第 j 列元素其中一项,D_2 第 i 行(列)第 j 列元素取 D 第 i 行(列)第 j 列元素余下的一项,D_1 与 D_2 的其他各行(列)与 D 相同,即

$$D = \begin{vmatrix} a_{11} & a_{12} & \cdots & a_{1n} \\ \vdots & \vdots & \ddots & \vdots \\ b_{i1}+c_{i1} & b_{i2}+c_{i2} & \cdots & b_{in}+c_{in} \\ \vdots & \vdots & \ddots & \vdots \\ a_{n1} & a_{n2} & \cdots & a_{nn} \end{vmatrix}$$

$$= \begin{vmatrix} a_{11} & a_{12} & \cdots & a_{1n} \\ \vdots & \vdots & \ddots & \vdots \\ b_{i1} & b_{i2} & \cdots & b_{in} \\ \vdots & \vdots & \ddots & \vdots \\ a_{n1} & a_{n2} & \cdots & a_{nn} \end{vmatrix} + \begin{vmatrix} a_{11} & a_{12} & \cdots & a_{1n} \\ \vdots & \vdots & \ddots & \vdots \\ c_{i1} & c_{i2} & \cdots & c_{in} \\ \vdots & \vdots & \ddots & \vdots \\ a_{n1} & a_{n2} & \cdots & a_{nn} \end{vmatrix} = D_1 + D_2$$

性质 5 将行列式的某一行(列)所有元素的 k 倍加到另一行(列)的对应元素上,行列式的值不变,即

$$\begin{vmatrix} a_{11} & a_{12} & \cdots & a_{1n} \\ \vdots & \vdots & \ddots & \vdots \\ a_{i1} & a_{i2} & \cdots & a_{in} \\ \vdots & \vdots & \ddots & \vdots \\ a_{j1} & a_{j2} & \cdots & a_{jn} \\ \vdots & \vdots & \ddots & \vdots \\ a_{n1} & a_{n2} & \cdots & a_{nn} \end{vmatrix} = \begin{vmatrix} a_{11} & a_{12} & \cdots & a_{1n} \\ \vdots & \vdots & \ddots & \vdots \\ a_{i1} & a_{i2} & \cdots & a_{in} \\ \vdots & \vdots & \ddots & \vdots \\ a_{j1}+ka_{i1} & a_{j2}+ka_{i2} & \cdots & a_{jn}+ka_{in} \\ \vdots & \vdots & \ddots & \vdots \\ a_{n1} & a_{n2} & \cdots & a_{nn} \end{vmatrix}_1$$

利用行列式的性质可将行列式化成一个上三角行列式,或一个上三角行列式乘以一个常数,由此可计算出行列式的值。

例1.2.1 计算四阶行列式 $D = \begin{vmatrix} 3 & 4 & -1 & 2 \\ -15 & 12 & 9 & -12 \\ 2 & 0 & 1 & -1 \\ 1 & -20 & 3 & -3 \end{vmatrix}$

解 $D = 4\begin{vmatrix} 3 & 1 & -1 & 2 \\ -15 & 3 & 9 & -12 \\ 2 & 0 & 1 & -1 \\ 1 & -5 & 3 & -3 \end{vmatrix}$ (第二列提出公因子4)

$= 4 \times 3 \begin{vmatrix} 3 & 1 & -1 & 2 \\ -5 & 1 & 3 & -4 \\ 2 & 0 & 1 & -1 \\ 1 & -5 & 3 & -3 \end{vmatrix}$ (第二行提出公因子3)

$\underset{(1,2)}{=} -12 \begin{vmatrix} 1 & 3 & -1 & 2 \\ 1 & -5 & 3 & -4 \\ 0 & 2 & 1 & -1 \\ -5 & 1 & 3 & -3 \end{vmatrix}$ ($\underset{(1,2)}{=}$ 表示第一、二列交换, $\overset{(1,2)}{=}$ 则表示第一、二行交换)

$\overset{2+1\times(-1)}{=} -12 \begin{vmatrix} 1 & 3 & -1 & 2 \\ 0 & -8 & 4 & -6 \\ 0 & 2 & 1 & -1 \\ -5 & 1 & 3 & -3 \end{vmatrix}$ ($\overset{2+1\times(-1)}{=}$ 表示第二行加第一行乘(-1))

$\overset{4+1\times 5}{=} 12 \begin{vmatrix} 1 & 3 & -1 & 2 \\ 0 & 2 & 1 & -1 \\ 0 & -8 & 4 & -6 \\ 0 & 16 & -2 & 7 \end{vmatrix} \overset{3+2\times 4}{=} 12 \begin{vmatrix} 1 & 3 & -1 & 2 \\ 0 & 2 & 1 & -1 \\ 0 & 0 & 8 & -10 \\ 0 & 16 & -2 & 7 \end{vmatrix}$

$\overset{4+2\times(-8)}{=} 12 \begin{vmatrix} 1 & 3 & -1 & 2 \\ 0 & 2 & 1 & -1 \\ 0 & 0 & -2 & 5 \\ 0 & 0 & -10 & 15 \end{vmatrix} \overset{4+3\times(-5)}{=} 12 \begin{vmatrix} 1 & 3 & -1 & 2 \\ 0 & 2 & 1 & -1 \\ 0 & 0 & -2 & 5 \\ 0 & 0 & 0 & -10 \end{vmatrix}$

$= 12 \times 1 \times 2 \times (-2) \times (-10) = 480$

把一个具体的行列式通过行列式的性质将其化为上三角行列式的过程中,为了减少运算量,通常顺序是从第一列开始将主对角线以下的元素化为零,之后第一行与第一列就不要再变动,然后将第二列主对角线以下的元素化为零,此时前两行与前两列就不要再变动,后面步骤类似,直到最后一列。

1.2.2 行列式按一行(列)展开

划去 $n(n>1)$ 阶行列式 D 中元素 a_{ij} 所在行和列后剩下的元素按原次序构成的 $n-1$ 阶行列式称为元素 a_{ij} 的**余子式**,记作 M_{ij},称 $(-1)^{i+j}M_{ij}$ 为元素 a_{ij} 的**代数余子式**,记作 A_{ij}。

注意:一元素的余子式和代数余子式仅与该元素的位置有关而与该元素无关。

如

$$D = \begin{vmatrix} 1 & -1 & 0 \\ 2 & 1 & -1 \\ -1 & 3 & 1 \end{vmatrix}$$

则

$$A_{11} = (-1)^{1+1}\begin{vmatrix} 1 & -1 \\ 3 & 1 \end{vmatrix} = 4, A_{12} = (-1)^{1+2}\begin{vmatrix} 2 & -1 \\ -1 & 1 \end{vmatrix} = -1, A_{13} = (-1)^{1+3}\begin{vmatrix} 2 & 1 \\ -1 & 3 \end{vmatrix} = 7$$

$$A_{21} = (-1)^{2+1}\begin{vmatrix} 1 & -1 \\ 3 & 1 \end{vmatrix} = -4, A_{22} = (-1)^{2+2}\begin{vmatrix} 1 & 0 \\ -1 & 1 \end{vmatrix} = 1, A_{23} = (-1)^{2+3}\begin{vmatrix} 1 & -1 \\ -1 & 3 \end{vmatrix} = -2$$

$$A_{31} = (-1)^{3+1}\begin{vmatrix} -1 & 0 \\ 1 & -1 \end{vmatrix} = 1, A_{32} = (-1)^{3+2}\begin{vmatrix} 1 & 0 \\ 2 & -1 \end{vmatrix} = -1, A_{33} = (-1)^{3+3}\begin{vmatrix} 1 & -1 \\ 2 & 1 \end{vmatrix} = 7$$

行列式等于它任一行(列)的各元素与其对应的代数余子式乘积之和,即

$$D = a_{i1}A_{i1} + a_{i2}A_{i2} + \cdots + a_{in}A_{in}(D = a_{1j}A_{1j} + a_{2j}A_{2j} + \cdots + a_{nj}A_{nj})$$

这个结论称为按第 i 行(第 j 列)展开公式。但需注意:行列式某一行(列)的各元素与另一行(列)的各元素所对应的代数余子式乘积之和等于零,即

$$a_{i1}A_{j1} + a_{i2}A_{j2} + \cdots + a_{in}A_{jn} = 0, i \neq j (a_{1i}A_{1j} + a_{2i}A_{2j} + \cdots + a_{ni}A_{nj} = 0, i \neq j)$$

若一行列式某一行(列)只有(或用初等变换变成只有)少数元素不为零,则可按该行(列)展开来计算行列式的值。行列式的值还可以用 Matlab 软件来算。

例 1.2.2 已知 $D = \begin{vmatrix} 1 & 2 & 6 & 1 \\ 2 & -1 & 5 & 1 \\ 7 & 4 & -3 & -2 \\ 1 & -1 & -1 & 2 \end{vmatrix}$

求 $M_{31} - 2M_{32} - 3M_{33} - M_{34}$

解

$$M_{31} - 2M_{32} - 3M_{33} - M_{34} = \begin{vmatrix} 1 & 2 & 6 & 1 \\ 2 & -1 & 5 & 1 \\ 1 & 2 & -3 & 1 \\ 1 & -1 & -1 & 2 \end{vmatrix} = \begin{vmatrix} 1 & 2 & 6 & 1 \\ 2 & -1 & 5 & 1 \\ 0 & 0 & -9 & 0 \\ 1 & -1 & -1 & 2 \end{vmatrix} = -9\begin{vmatrix} 1 & 2 & 1 \\ 2 & -1 & 1 \\ 1 & -1 & 2 \end{vmatrix} = 72$$

例1.2.3 计算五阶行列式 $D = \begin{vmatrix} 5 & 3 & -1 & 8 & 0 \\ 1 & 7 & 2 & 5 & 7 \\ 0 & -2 & 3 & 10 & 0 \\ 0 & -4 & -1 & 0 & 0 \\ 0 & 2 & 3 & 5 & 0 \end{vmatrix}$

解 $D = 7 \times (-1)^{2+5} \begin{vmatrix} 5 & 3 & -1 & 8 \\ 0 & -2 & 3 & 10 \\ 0 & -4 & -1 & 0 \\ 0 & 2 & 3 & 5 \end{vmatrix} = -7 \times 5 \times (-1)^{1+1} \begin{vmatrix} -2 & 3 & 10 \\ -4 & -1 & 0 \\ 2 & 3 & 5 \end{vmatrix}$

$= -35 \times (-1)^{1+1} \begin{vmatrix} -6 & -3 & 0 \\ -4 & -1 & 0 \\ 2 & 3 & 5 \end{vmatrix} = -35 \times 5 \times (-1)^{3+3} \begin{vmatrix} -6 & -3 \\ -4 & -1 \end{vmatrix}$

$= -175 \times [-6 \times (-1) - (-4) \times (-3)] = 1050$

例1.2.4 计算 n 阶行列式 $D_n = \begin{vmatrix} x & y & 0 & \cdots & 0 & 0 \\ 0 & x & y & \cdots & 0 & 0 \\ 0 & 0 & x & \cdots & 0 & 0 \\ \vdots & \vdots & \vdots & \ddots & \vdots & \vdots \\ 0 & 0 & 0 & \cdots & x & y \\ y & 0 & 0 & \cdots & 0 & x \end{vmatrix}$

解 $D_n = x \times (-1)^{1+1} \begin{vmatrix} x & y & \cdots & 0 & 0 \\ 0 & x & \cdots & 0 & 0 \\ \vdots & \vdots & \ddots & \vdots & \vdots \\ 0 & 0 & \cdots & x & y \\ 0 & 0 & \cdots & 0 & x \end{vmatrix} + y \times (-1)^{n+1} \begin{vmatrix} y & 0 & \cdots & 0 & 0 \\ x & y & \cdots & 0 & 0 \\ \vdots & \vdots & \ddots & \vdots & \vdots \\ 0 & 0 & \cdots & y & 0 \\ 0 & 0 & \cdots & x & y \end{vmatrix}$

$= x^n + (-1)^{n+1} y^n$

例1.2.5 计算 $\begin{vmatrix} 1 & 1 & 1 \\ x_1 & x_2 & x_3 \\ x_1^2 & x_2^2 & x_3^2 \end{vmatrix}$

解 $\begin{vmatrix} 1 & 1 & 1 \\ x_1 & x_2 & x_3 \\ x_1^2 & x_2^2 & x_3^2 \end{vmatrix} = \begin{vmatrix} 1 & 1 & 1 \\ x_1 & x_2 & x_3 \\ x_1^2 - x_1 x_3 & x_2^2 - x_2 x_3 & 0 \end{vmatrix} = \begin{vmatrix} 1 & 1 & 1 \\ x_1 - x_3 & x_2 - x_3 & 0 \\ x_1^2 - x_1 x_3 & x_2^2 - x_2 x_3 & 0 \end{vmatrix}$

$= \begin{vmatrix} x_1 - x_3 & x_2 - x_3 \\ x_1(x_1 - x_3) & x_2(x_2 - x_3) \end{vmatrix} = (x_1 - x_3)(x_2 - x_3) \begin{vmatrix} 1 & 1 \\ x_1 & x_2 \end{vmatrix}$

$= (x_3 - x_2)(x_3 - x_1)(x_2 - x_1)$

一般的,称行列式

$$D_n = \begin{vmatrix} 1 & 1 & 1 & \cdots & 1 \\ x_1 & x_2 & x_3 & \cdots & x_n \\ x_1^2 & x_2^2 & x_3^2 & \cdots & x_n^2 \\ \vdots & \vdots & \vdots & \ddots & \vdots \\ x_1^{n-3} & x_2^{n-3} & x_3^{n-3} & \cdots & x_n^{n-3} \\ x_1^{n-2} & x_2^{n-2} & x_3^{n-2} & \cdots & x_n^{n-2} \\ x_1^{n-1} & x_2^{n-1} & x_3^{n-1} & \cdots & x_n^{n-1} \end{vmatrix}$$

为 n 阶范德蒙(Vandermonde)行列式。可以证明

$$D_n = (x_2 - x_1)(x_3 - x_1)(x_4 - x_1)\cdots(x_n - x_1)$$
$$(x_3 - x_2)(x_4 - x_2)\cdots(x_n - x_2)$$
$$(x_4 - x_3)\cdots(x_n - x_3)$$
$$\cdots\cdots$$
$$(x_n - x_{n-1}) = \prod_{n \geq i > j \geq 1}(x_i - x_j)$$

例 1.2.6 计算四阶行列式 $D = \begin{vmatrix} 1^3 & 1^2 \times 5 & 1 \times 5^2 & 5^3 \\ 2^3 & 2^2 \times 6 & 2 \times 6^2 & 3^3 \\ 3^3 & 3^2 \times 7 & 3 \times 7^2 & 7^3 \\ 4^3 & 4^2 \times 8 & 4 \times 8^2 & 8^3 \end{vmatrix}$

解 $D = 1^3 \times 2^3 \times 3^3 \times 4^3 \begin{vmatrix} 1 & 5 & 5^2 & 5^3 \\ 1 & 3 & 3^2 & 3^3 \\ 1 & \dfrac{7}{3} & \left(\dfrac{7}{3}\right)^2 & \left(\dfrac{7}{3}\right)^3 \\ 1 & 2 & 2^2 & 2^3 \end{vmatrix}$

$= 1^3 \times 2^3 \times 3^3 \times 4^3 \times (3-5)\left(\dfrac{7}{3}-5\right)(2-5)\left(\dfrac{7}{3}-3\right)(2-3)\left(2-\dfrac{7}{3}\right) = 49152$

1.2.3 用 Matlab 计算行列式

例 1.2.7 求行列式 $D = \begin{vmatrix} 3 & 1 & -1 & 2 \\ -5 & 1 & 3 & -4 \\ 2 & 0 & 1 & -1 \\ 1 & -5 & 3 & -3 \end{vmatrix}$ 的值。

解 用 Matlab 计算
输入：
```
A=[3,1,-1,2;-5,1,3,-4;2,0,1,-1;1,-5,3,-3];
det(A)
```
输出：
```
ans =
40
```

例 1.2.8 计算行列式 $\begin{vmatrix} x & y & x+y \\ y & x+y & x \\ x+y & x & y \end{vmatrix}$

解 用 Matlab 计算：
输入：
```
syms x y
A=[x,y,x+y;y,x+y,x;x+y,x,y];
C=det(A)
```
输出：
```
C =
-2*x^3 - 2*y^3
```

于是 $\begin{vmatrix} x & y & x+y \\ y & x+y & x \\ x+y & x & y \end{vmatrix} = -2x^3 - 2y^3$

1.3 克莱姆(Cramer)法则

下面法则说明，二、三元线性方程组的结论可以完全推广到 n 元线性方程组，同时说明 n 元行列式确实是二、三阶行列式的恰当的推广。

(克莱姆法则) 对于 n 个方程 n 个未知量的线性方程组

$$\begin{cases} a_{11}x_1 + a_{12}x_2 + \cdots + a_{1n}x_n = b_1 \\ a_{21}x_1 + a_{22}x_2 + \cdots + a_{2n}x_n = b_2 \\ \vdots \\ a_{n1}x_1 + a_{n2}x_2 + \cdots + a_{nn}x_n = b_n \end{cases}$$

若其系数行列式 $D = \begin{vmatrix} a_{11} & a_{12} & \cdots & a_{1n} \\ a_{21} & a_{22} & \cdots & a_{2n} \\ \vdots & \vdots & \ddots & \vdots \\ a_{n1} & a_{n2} & \cdots & a_{nn} \end{vmatrix} \neq 0$

则其有且只有一组解，$x_1 = \dfrac{D_1}{D}, \cdots, x_j = \dfrac{D_j}{D}, \cdots, x_n = \dfrac{D_n}{D}$，

其中 $D_j = \begin{vmatrix} a_{11} & \cdots & a_{1j-1} & b_1 & a_{1j+1} & \cdots & a_{1n} \\ a_{21} & \cdots & a_{2j-1} & b_2 & a_{2j+1} & \cdots & a_{2n} \\ \vdots & \vdots & \vdots & \vdots & \vdots & \vdots & \vdots \\ a_{n1} & \cdots & a_{nj-1} & b_n & a_{nj+1} & \cdots & a_{nn} \end{vmatrix}$ $j = 1, 2, \cdots, n$

例 1.3.1 求解 $\begin{cases} x_1 - x_2 + x_3 + 2x_n = 1 \\ x_1 + x_2 - 2x_3 + x_n = 1 \\ x_1 + x_2 + 0x_3 + x_n = 2 \\ x_1 + 0x_2 + x_3 - x_n = 1 \end{cases}$

解 用 Matlab 计算：
先求系数行列式
```
D = [1,-1,1,2;1,1,-2,1;1,1,0,1;1,0,1,-1];
det(D)
ans =
   -10
```
故 $D = -10 \neq 0$
再求 $D_i (i=1,2,3,4)$
输入：
```
D1 = [1,-1,1,2;1,1,-2,1;2,1,0,1;1,0,1,-1];
D2 = [1,1,1,2;1,1,-2,1;1,2,0,1;1,1,1,-1];
D3 = [1,-1,1,2;1,1,1,1;1,1,2,1;1,0,1,-1];
D4 = [1,-1,1,1;1,1,-2,1;1,1,0,2;1,0,1,1];
a = det(D1);b = det(D2);c = det(D3);d = det(D4);
[a b c d]
```
输出：
```
ans =
   -8   -9   -5   -3
```
即
$$D_1 = -8, D_2 = -9, D_3 = -5, D_4 = -3$$
因此，
$$x_1 = \frac{D_1}{D} = \frac{-8}{-10} = 0.8, x_2 = \frac{D_2}{D} = \frac{-9}{-10} = 0.9,$$
$$x_3 = \frac{D_3}{D} = \frac{-5}{-10} = 0.5, x_4 = \frac{D_4}{D} = \frac{-3}{-10} = 0.3$$

克莱姆法则用到 n 个方程、n 个未知量的**齐次线性方程组**

$$\begin{cases} a_{11}x_1 + a_{12}x_2 + \cdots + a_{1n}x_n = 0 \\ a_{21}x_1 + a_{22}x_2 + \cdots + a_{2n}x_n = 0 \\ \quad\quad\quad\quad\quad\quad \vdots \\ a_{n1}x_1 + a_{n2}x_2 + \cdots + a_{nn}x_n = 0 \end{cases}$$

便得到

若齐次线性方程组系数行列式 $D = \begin{vmatrix} a_{11} & a_{12} & \cdots & a_{1n} \\ a_{21} & a_{22} & \cdots & a_{2n} \\ \vdots & \vdots & \ddots & \vdots \\ a_{n1} & a_{n2} & \cdots & a_{nn} \end{vmatrix} \neq 0$

则其只有一组零解
$$x_1 = x_2 = \cdots = x_n = 0$$

此命题的逆否命题为：n 个方程 n 个未知量的齐次线性方程组若有一组非零解（x_i 不全

为零,$i=1,2,\cdots,n$),则系数行列式 D 必为零。

例 1.3.2 求 λ 在何条件下,齐次方程组 $\begin{cases} \lambda x_1 + x_2 + x_3 = 0 \\ x_1 + \lambda x_2 + x_3 = 0 \\ x_1 + x_2 + \lambda x_3 = 0 \end{cases}$ 只有零解。

解

$$D = \begin{vmatrix} \lambda & 1 & 1 \\ 1 & \lambda & 1 \\ 1 & 1 & \lambda \end{vmatrix} = \begin{vmatrix} \lambda+2 & 1 & 1 \\ \lambda+2 & \lambda & 1 \\ \lambda+2 & 1 & \lambda \end{vmatrix} = (\lambda+2) \begin{vmatrix} 1 & 1 & 1 \\ 1 & \lambda & 1 \\ 1 & 1 & \lambda \end{vmatrix}$$

$$= (\lambda+2) \begin{vmatrix} 1 & 1 & 1 \\ 0 & \lambda-1 & 0 \\ 0 & 0 & \lambda-1 \end{vmatrix} = (\lambda+2)(\lambda-1)^2$$

所以,当 $\lambda \ne -2$,且 $\lambda \ne 1$ 时,则 $D \ne 0$,此时齐次方程组只有零解。

例 1.3.3 设 $f(x) = c_0 + c_1 x + c_2 x^2 + \cdots + c_n x^n$ 有 $n+1$ 个不同的根,证明 $f(x) \equiv 0$。

证明 设 $t_1, t_2, \cdots, t_{n+1}$ 为 $f(x)$ 的 $n+1$ 个不同的根,则有

$$\begin{cases} c_0 + c_1 t_1 + c_2 t_1^2 + \cdots + c_n t_1^n = 0 \\ c_0 + c_1 t_2 + c_2 t_2^2 + \cdots + c_n t_2^n = 0 \\ \vdots \\ c_0 + c_1 t_{n+1} + c_2 t_{n+1}^2 + \cdots + c_n t_{n+1}^n = 0 \end{cases}$$

将 $c_0, c_1, \cdots, c_n$ 看成未知量,则此齐次方程组的系数行列式为 $n+1$ 阶范德蒙行列式:

$$D = \begin{vmatrix} 1 & t_1 & \cdots & t_1^n \\ 1 & t_2 & \cdots & t_2^n \\ \vdots & \vdots & \ddots & \vdots \\ 1 & t_{n+1} & \cdots & t_{n+1}^n \end{vmatrix} = \prod_{n+1 \ge i > j \ge 1} (t_i - t_j) \ne 0$$

所以齐次方程组只有零解:$c_0 = c_1 = c_2 = \cdots = c_n = 0$,所以 $f(x) \equiv 0$。

习 题 1

一、填空题

1. (1) 若 $\begin{vmatrix} x^2 & 4 \\ 2 & x \end{vmatrix} = 0$,则 $x = $ _____。

    (2) $\begin{vmatrix} 0 & a & 0 \\ b & 0 & c \\ 0 & d & 0 \end{vmatrix} = $ _____。

    (3) 五阶行列式中,元素乘积项 $a_{33}a_{55}a_{44}a_{11}a_{22}$ 前的符号为_____。

    (4) $n-1$ 阶行列式的展开式中共有_____项。

2. (1) 已知 n 阶行列式 $D = -5$,则 $D^{\mathrm{T}} = $ _____。

(2) 若 $\begin{vmatrix} a_1 & b_1 & c_1 \\ a_2 & b_2 & c_2 \\ a_3 & b_3 & c_3 \end{vmatrix} = 8$,则 $\begin{vmatrix} a_3 & b_3 & c_3 \\ a_1 & b_1 & c_1 \\ a_2 & b_2 & c_2 \end{vmatrix} =$ _____。

(3) $\begin{vmatrix} 1 & 2 & 3 \\ 3 & 2 & 1 \\ 2 & 3 & 1 \end{vmatrix}$ 中元素 $a_{31} = 2$ 的代数余子式 $A_{31} =$ _____。

(4) 若 $\begin{vmatrix} 0 & 0 & 0 & 1 \\ 0 & 0 & a & 0 \\ 0 & 2 & 0 & 0 \\ 4 & 0 & 0 & a^2 \end{vmatrix} = 8$,则 $a =$ _____。

3. (1) 若线性方程组 $\begin{cases} kx + y = 0 \\ 2x + ky + 2z = 0 \\ y + kz = 0 \end{cases}$ 有非零解,则 $k =$ _____。

(2) 当 _____ 时,线性方程组 $\begin{cases} x_1 + ax_2 + a^2 x_3 = m \\ x_1 + bx_2 + b^2 x_3 = n \\ x_1 + cx_2 + c^2 x_3 = p \end{cases}$ 有唯一解。

二、选择题

1. (1) 六阶行列式的展开式中前面符号为正号的有( )项。

   A. 60　　　　B. 120　　　　C. 360　　　　D. 720

   (2) 下列元素乘积项中( )前面添加符号后不是四阶行列式的项。

   A. $a_{13}a_{24}a_{32}a_{11}$　　B. $a_{12}a_{23}a_{34}a_{41}$　　C. $a_{11}a_{22}a_{34}a_{43}$　　D. $a_{14}a_{23}a_{32}a_{41}$

   (3) 若 n 阶行列式 $|a_{ij}|$ 中等于零的元素个数大于 $n^2 - n$,则 $|a_{ij}| = ($)。

   A. -1　　　　B. 0　　　　C. 1　　　　D. 1 或 -1

   (4) n 阶行列式 $\begin{vmatrix} a & a & \cdots & a & 1 \\ a & a & \cdots & 1 & 0 \\ \vdots & \vdots & \ddots & \vdots & \vdots \\ a & 1 & \cdots & 0 & 0 \\ 1 & 0 & \cdots & 0 & 0 \end{vmatrix} = ($)。

   A. 1　　　　B. -1　　　　C. $(-1)^{n-1}$　　　　D. $(-1)^{\frac{n(n-1)}{2}}$

2. (1) $\begin{vmatrix} a_{11} & a_{12} \\ a_{21} & a_{22} \end{vmatrix}$ 中元素 a_{12} 的代数余子式 $A_{12} = ($)。

   A. $-a_{21}$　　　　B. a_{21}　　　　C. $-a_{22}$　　　　D. a_{22}

   (2) 若四阶行列式 D 中第 4 行的元素 $a_{41} = 1, a_{42} = 2, a_{43} = a_{44} = 0$,余子式 $M_{41} = 2$, $M_{42} = 3$,则 $D = ($)。

   A. -8　　　　B. 8　　　　C. -4　　　　D. 4

(3) $\begin{vmatrix} 0 & 1 & 0 & 0 \\ 0 & 0 & 1 & 0 \\ 0 & 0 & 0 & 1 \\ 1 & 0 & 0 & 0 \end{vmatrix} = ($ $)$。

A. 1 B. -1 C. 0 D. 1 或 -1

3. (1) 线性方程组 $\begin{cases} \lambda x - y = a \\ -x + \lambda y = b \end{cases}$ 有唯一解,则 $\lambda ($ $)$。

A. 为任意实数 B. 等于 ± 1 C. 不等于 ± 1 D. 不等于 0

(2) 齐次线性方程组 $\begin{cases} 3x + 2y = 0 \\ 2x - 3y = 0 \\ 2x - y + \lambda z = 0 \end{cases}$ 仅有零解,则($ $)$。

A. $\lambda \neq 0$ B. $\lambda \neq 1$ C. $\lambda \neq 2$ D. $\lambda \neq 3$

三、计算题

1. 计算二阶行列式

(1) $\begin{vmatrix} 2 & 1 \\ 4 & 3 \end{vmatrix}$ (2) $\begin{vmatrix} \sin^2 x & \cos x \\ \cos x & -1 \end{vmatrix}$

2. 计算三阶行列式

(1) $\begin{vmatrix} 1 & -1 & -2 \\ 2 & 3 & -3 \\ -4 & 4 & 5 \end{vmatrix}$ (2) $\begin{vmatrix} 1 & 2 & 3 \\ 0 & -1 & 4 \\ -2 & 0 & 5 \end{vmatrix}$

(3) $\begin{vmatrix} a & x & z \\ 0 & b & y \\ 0 & 0 & c \end{vmatrix}$ (4) $\begin{vmatrix} a & a & a \\ -a & a & y \\ -a & -a & y \end{vmatrix}$

3. 求行列式 $D = \begin{vmatrix} 0 & 0 & 0 & -1 \\ 0 & 0 & 2 & -1 \\ 0 & -3 & 6 & 7 \\ 4 & 2 & 0 & 5 \end{vmatrix}$ 的值。

4. 解线性方程组

(1) $\begin{cases} 3x + 5y = 21 \\ 2x - y = 1 \end{cases}$ (2) $\begin{cases} 5x_1 - 4x_2 = 17 \\ 3x_1 - 7x_2 = 1 \end{cases}$

(3) $\begin{cases} x_1 + x_2 - 2x_3 = -3 \\ 2x_1 + x_2 - x_3 = 1 \\ x_1 - x_2 + 3x_3 = 8 \end{cases}$ (4) $\begin{cases} 2x_1 - 4x_2 + x_3 = 1 \\ x_1 - 5x_2 + 3x_3 = 2 \\ x_1 - x_2 + x_3 = -1 \end{cases}$

5. 若 $a_{31}a_{22}a_{5l}a_{1m}a_{43}$ 为五阶行列式的项,求 l 和 m。

6. 计算五阶行列式

(1) $\begin{vmatrix} 1 & 2 & 3 & 4 \\ -1 & 0 & 3 & 4 \\ -1 & -2 & 0 & 4 \\ -1 & -2 & -3 & 0 \end{vmatrix}$

(2) $\begin{vmatrix} 5 & 2 & -6 & -3 \\ -4 & 7 & -2 & 4 \\ -2 & 3 & 4 & 1 \\ 7 & -8 & 10 & 5 \end{vmatrix}$

7. 计算下列 n 阶行列式

(1) $\begin{vmatrix} 0 & 1 & 0 & \cdots & 0 \\ 0 & 0 & 2 & \cdots & 0 \\ \vdots & \vdots & \vdots & \ddots & \vdots \\ 0 & 0 & 0 & \cdots & n-1 \\ n & 0 & 0 & \cdots & 0 \end{vmatrix}$

(2) $\begin{vmatrix} a & b & 0 & \cdots & 0 & 0 \\ 0 & a & b & \cdots & 0 & 0 \\ \vdots & \vdots & \vdots & \ddots & \vdots & \vdots \\ 0 & 0 & 0 & \cdots & a & b \\ b & 0 & 0 & \cdots & 0 & a \end{vmatrix}$

8. 解线性方程组

(1) $\begin{cases} x_1 + x_2 + x_3 + x_4 = 5 \\ x_1 + 2x_2 - x_3 + 4x_4 = -2 \\ 2x_1 - 3x_2 - x_3 - 5x_4 = -2 \\ 3x_1 + x_2 + 2x_3 + 11x_4 = 0 \end{cases}$

(2) $\begin{cases} x_1 - x_2 + 2x_4 = -5 \\ 3x_1 + 2x_2 - x_3 - 2x_4 = 6 \\ 4x_1 + 3x_2 - x_3 - x_4 = 0 \\ 2x_1 - x_3 = 0 \end{cases}$

9. 如果 $\begin{cases} (1-\lambda)x_1 - 2x_2 + 4x_3 = 0 \\ 2x_1 + (3-\lambda)x_2 + x_3 = 0 \\ x_1 + x_2 + (1-\lambda)x_3 = 0 \end{cases}$ 有非零解，则 λ 可取何值？

第2章 矩 阵

矩阵是线性代数的一个重要内容,不论是在数学的理论上,还是实际应用中都有重要的作用。本章讨论有关矩阵的一些基本理论。

2.1 矩阵的基本概念及运算

2.1.1 矩阵的基本概念

由 $m \times n$ 个数排成的一个 m 行,n 列的表

$$\begin{bmatrix} a_{11} & a_{12} & \cdots & a_{1n} \\ a_{21} & a_{22} & \cdots & a_{2n} \\ \vdots & \vdots & \ddots & \vdots \\ a_{m1} & a_{m2} & \cdots & a_{mn} \end{bmatrix} \text{ 或 } \begin{pmatrix} a_{11} & a_{12} & \cdots & a_{1n} \\ a_{21} & a_{22} & \cdots & a_{2n} \\ \vdots & \vdots & \ddots & \vdots \\ a_{m1} & a_{m2} & \cdots & a_{mn} \end{pmatrix}$$

称为 $m \times n$ **矩阵**,简记为 $[a_{ij}]m \times n$(或 $(a_{ij})_{m \times n}$)。其中 $a_{i1}\ a_{i2}\cdots a_{in}$ 是 $[a_{ij}]m \times n$ 的第 i 行($i=1,2,\cdots,m$),

$$\begin{matrix} a_{1j} \\ a_{2j} \\ \vdots \\ a_{mj} \end{matrix}$$

是 $[a_{ij}]m \times n$ 的第 j 列($j=1,2,\cdots,n$),a_{ij} 称为该矩阵的**元素**,i 称为行标表示 a_{ij} 所在的行,j 称为列标表示 a_{ij} 所在的列。

矩阵一般用大写英文字母 A,B,C 表示,其元素一般用小写英文字母 $a,b,a_i,b_i,a_{ij},b_{ij}$ 等表示。

注意:与行列式不同,矩阵仅是一个数表,只有 1×1 矩阵有时可以视为一个数,且矩阵的行数和列数可以不同。

若 $A = \begin{bmatrix} a_{11} & a_{12} & \cdots & a_{1n} \end{bmatrix}$,则称 A 为行矩阵。

若

$$A = \begin{bmatrix} a_{11} \\ a_{21} \\ \vdots \\ a_{m1} \end{bmatrix}$$

则称 A 为列矩阵。

对 $A = [a_{ij}]m \times n$,若 $m = n$,则称 A 为 n **阶方阵**(简称为方阵)。元素 $a_{11}a_{22}\cdots a_{nn}$ 组成**主对角线**,而元素 $a_{1n}a_{2(n-1)}\cdots a_{n1}$ 组成**副对角线**。

元素均为零的矩阵为**零矩阵**,记为 $\mathbf{0}_{m \times n}$。

两个均为 $m \times n$ 的矩阵 A、B(此时也称 A、B 为**同型矩阵**),若它们对应位置的元素都相等,则称矩阵 A 与 B 相等,记为 $A = B$。

2.1.2 矩阵的基本运算

1. 矩阵的加法

设 $A = [a_{ij}]_{m \times n}$ 与 $B = [b_{ij}]_{m \times n}$ 是两个 $m \times n$ 矩阵。A 与 B 对应位置元素相加得到的 $m \times n$ 矩阵称为 A 与 B 的和,记为 $A + B$,即

$$A + B = \begin{bmatrix} a_{11} + b_{11} & a_{12} + b_{12} & \cdots & a_{1n} + b_{1n} \\ a_{21} + b_{21} & a_{22} + b_{22} & \cdots & a_{2n} + b_{2n} \\ \vdots & \vdots & \ddots & \vdots \\ a_{m1} + b_{m1} & a_{m2} + b_{m2} & \cdots & a_{mn} + b_{mn} \end{bmatrix} = [a_{ij} + b_{ij}]_{m \times n}$$

例如

$$\begin{bmatrix} 2 & 1 & 3 \\ 3 & 4 & 2 \end{bmatrix} + \begin{bmatrix} 4 & 2 & 5 \\ 2 & -3 & 4 \end{bmatrix} = \begin{bmatrix} 2+4 & 1+2 & 3+5 \\ 3+2 & 4-3 & 2+4 \end{bmatrix} = \begin{bmatrix} 6 & 3 & 8 \\ 5 & 1 & 6 \end{bmatrix}$$

矩阵加法运算具有下述性质:

(1) $A + B = B + A$(交换律);

(2) $(A + B) + C = A + (B + C)$(结合律);

(3) $A + \mathbf{0} = A$。

其中 $A, B, C, \mathbf{0}$ 都是 $m \times n$ 矩阵。

2. 数与矩阵的乘法

以数 k 乘矩阵 A 的每一个元素所得到的矩阵,称为数 k 与矩阵 A 的数乘矩阵(简称**数乘**),记为 kA,即

$$kA = \begin{bmatrix} ka_{11} & ka_{12} & \cdots & ka_{1n} \\ ka_{21} & ka_{22} & \cdots & ka_{2n} \\ \vdots & \vdots & \ddots & \vdots \\ ka_{m1} & ka_{m2} & \cdots & ka_{mn} \end{bmatrix}$$

可以定义 $(-1)A = -A$,称为 A 的**负矩阵**,即

$$-A = \begin{bmatrix} -a_{11} & -a_{12} & \cdots & -a_{1n} \\ -a_{21} & -a_{22} & \cdots & -a_{2n} \\ \vdots & \vdots & \ddots & \vdots \\ -a_{m1} & -a_{m2} & \cdots & -a_{mn} \end{bmatrix}$$

由此可定义矩阵的减法为 $A - B = A + (-B)$,显然 $A + (-A) = 0$。

矩阵的数乘具有下述性质:

(1) $k(A + B) = kA + kB$;

(2) $(k+l)A = kA + lA$;

(3) $(kl)A = k(lA)$。

其中 A, B, C 都是 $m \times n$ 矩阵，k, l 是数。

例 2.1.1 设 $A = \begin{bmatrix} 1 & 2 & 3 \\ 4 & -1 & 0 \end{bmatrix}, B = \begin{bmatrix} 2 & 4 & 6 \\ 8 & -2 & 0 \end{bmatrix}$，计算 $2A - B$。

解 $2A - B = 2\begin{bmatrix} 1 & 2 & 3 \\ 4 & -1 & 0 \end{bmatrix} + (-1)\begin{bmatrix} 2 & 4 & 6 \\ 8 & -2 & 0 \end{bmatrix} = \begin{bmatrix} 2-2 & 4-4 & 6-6 \\ 8-8 & -2+2 & 0-0 \end{bmatrix}$

$= \begin{bmatrix} 0 & 0 & 0 \\ 0 & 0 & 0 \end{bmatrix}$

例 2.1.2 已知 $A = \begin{bmatrix} 3 & -1 & 2 & 0 \\ 1 & 5 & 7 & 9 \\ 2 & 4 & 6 & 8 \end{bmatrix}, B = \begin{bmatrix} 7 & 5 & -2 & 4 \\ 5 & 1 & 9 & 7 \\ 3 & 2 & -1 & 6 \end{bmatrix}$，解矩阵方程 $3A + 2X = B$。

解

$X = \frac{1}{2}[B - 3A] = \frac{1}{2}\left\{\begin{bmatrix} 7 & 5 & -2 & 4 \\ 5 & 1 & 9 & 7 \\ 3 & 2 & -1 & 6 \end{bmatrix} - \begin{bmatrix} 9 & -3 & 6 & 0 \\ 3 & 15 & 21 & 27 \\ 6 & 12 & 18 & 24 \end{bmatrix}\right\} = \begin{bmatrix} -1 & 4 & -4 & 2 \\ 1 & -7 & -6 & -10 \\ -\frac{3}{2} & -5 & -\frac{19}{2} & -9 \end{bmatrix}$

3. 矩阵的乘法

设矩阵 $A = (a_{ij})_{m \times s}$ 的列数与矩阵 $B = (b_{ij})_{s \times n}$ 的行数相同，则由元素

$$c_{ij} = a_{i1}b_{1j} + a_{i2}b_{2j} + \cdots + a_{is}b_{sj} \quad \begin{pmatrix} i = 1, 2, \cdots, m \\ j = 1, 2, \cdots, n \end{pmatrix}$$

构成的 m 行、n 列矩阵 $C = [c_{ij}]_{m \times n}$ 称为矩阵 A 与矩阵 B 的积，记为 $C = AB$。

由定义可知，两矩阵 A 和 B 相乘的前提条件是，左边矩阵 A 的列数与右边矩阵 B 的行数必须相同，则乘积 C 矩阵的行数等于 A 的行数，列数等于 B 的列数，且 C 的元素 c_{ij} 是 A 的第 i 行与 B 的第 j 列对应元素乘积之和。

例 2.1.3 设 $A = \begin{bmatrix} 2 & -1 & 0 \\ 3 & 1 & -2 \end{bmatrix}, B = \begin{bmatrix} 1 & -3 \\ 2 & 1 \\ -5 & 0 \end{bmatrix}$，求 AB 与 BA。

解

$AB = \begin{bmatrix} 2 & -1 & 0 \\ 3 & 1 & -2 \end{bmatrix}\begin{bmatrix} 1 & -3 \\ 2 & 1 \\ -5 & 0 \end{bmatrix}$

$= \begin{bmatrix} 2 \times 1 + (-1) \times 2 + 0 \times 5 & 2 \times (-3) + (-1) \times 1 + 0 \times 0 \\ 3 \times 1 + 1 \times 2 + (-2) \times (-5) & 3 \times (-3) + 1 \times 1 + (-2) \times 0 \end{bmatrix} = \begin{bmatrix} 0 & -7 \\ 15 & -8 \end{bmatrix}$

$BA = \begin{bmatrix} 1 \times 2 + (-3) \times 3 & 1 \times (-1) + (-3) \times 1 & 1 \times 0 + (-3) \times (-2) \\ 2 \times 2 + 1 \times 3 & 2 \times (-1) + 1 \times 1 & 2 \times 0 + 1 \times (-2) \\ -5 \times 2 + 0 \times 3 & -5 \times (-1) + 0 \times 1 & -5 \times 0 + 0 \times (-2) \end{bmatrix}$

$= \begin{bmatrix} -7 & -4 & 6 \\ 7 & -1 & -2 \\ -10 & 5 & 0 \end{bmatrix}$

显然 $AB \neq BA$。

设 $A = \begin{bmatrix} 1 & 3 \\ 2 & 4 \\ 6 & 5 \end{bmatrix}, B = \begin{bmatrix} 2 & 3 \\ 4 & 1 \end{bmatrix}$,则 $AB = \begin{bmatrix} 14 & 6 \\ 20 & 10 \\ 32 & 23 \end{bmatrix}$,但 B 与 A 不能相乘。

又设 $A = \begin{bmatrix} 2 & 4 \\ -3 & -6 \end{bmatrix}, B = \begin{bmatrix} -2 & -2 \\ 1 & 1 \end{bmatrix}$,则 $AB = \begin{bmatrix} 2 & 4 \\ -3 & -6 \end{bmatrix}\begin{bmatrix} -2 & -2 \\ 1 & 1 \end{bmatrix} = \begin{bmatrix} 0 & 0 \\ 0 & 0 \end{bmatrix}$

由此可以看出

(1) 矩阵的乘法不满足交换律;

(2) 矩阵的乘法也不满足消去律,即由 $AB = 0$,推不出 $A = 0$ 或 $B = 0$,更一般地,由 $AC = BC$ 不能推出 $A = B$。

在矩阵 A 与 B 的乘积 AB 中,称 A 左乘 B 或 B 右乘 A。如果两矩阵 A 与 B 相乘,满足 $AB = BA$,则称矩阵 A 与矩阵 B **可交换**。

矩阵的乘法有下述性质(设下列矩阵都可以进行有关运算):

(1) $(AB)C = A(BC)$;

(2) $(A + B)C = AC + BC, C(A + B) = CA + CB$;

(3) $k(AB) = (kA)B = A(kB)$。

4. 矩阵的转置

将 $m \times n$ 矩阵 A 的行按顺序变为列,得到的 $n \times m$ 矩阵,称为矩阵的**转置矩阵**,记为 A^T 或 A',即设

$$A = \begin{bmatrix} a_{11} & a_{12} & \cdots & a_{1n} \\ a_{21} & a_{22} & \cdots & a_{2n} \\ \vdots & \vdots & \ddots & \vdots \\ a_{m1} & a_{m2} & \cdots & a_{mn} \end{bmatrix}$$

则

$$A^T = \begin{bmatrix} a_{11} & a_{21} & \cdots & a_{m1} \\ a_{12} & a_{22} & \cdots & a_{m2} \\ \vdots & \vdots & \ddots & \vdots \\ a_{1n} & a_{2n} & \cdots & a_{mn} \end{bmatrix}$$

例如,设 $X = \begin{bmatrix} x_1 & x_2 & \cdots & x_n \end{bmatrix}, Y = \begin{bmatrix} y_1 & y_2 & \cdots & y_n \end{bmatrix}$,

则 $X^T Y = \begin{bmatrix} x_1 \\ x_2 \\ \vdots \\ x_n \end{bmatrix} \begin{bmatrix} y_1 & y_2 & \cdots & y_n \end{bmatrix} = \begin{bmatrix} x_1 y_1 & x_1 y_2 & \cdots & x_1 y_n \\ x_2 y_1 & x_2 y_2 & \cdots & x_2 y_n \\ \vdots & \vdots & \ddots & \vdots \\ x_n y_1 & x_n y_2 & \cdots & x_n y_n \end{bmatrix}$

转置矩阵具有下述性质:

(1) $(A^T)^T = A$;

(2) $(A + B)^T = A^T + B^T$,更一般地,$(A_1 + A_2 + \cdots + A_m)^T = A_1^T + A_2^T + \cdots + A_m^T$;

(3) $(kA)^T = kA^T$;

(4) $(AB)^T = B^T A^T$,更一般地,$(A_1 A_2 \cdots A_m)^T = A_m^T A_{m-1}^T \cdots A_1^T$。

例 2.1.4 设 $A = \begin{bmatrix} 1 & -2 & 2 \end{bmatrix}, B = \begin{bmatrix} 2 & -1 & 0 \\ 1 & 1 & 3 \\ 4 & 2 & 1 \end{bmatrix}$,求 $(AB)^T$ 及 $B^T A^T$。

解 $AB = \begin{bmatrix} 1 & -2 & 2 \end{bmatrix} \begin{bmatrix} 2 & -1 & 0 \\ 1 & 1 & 3 \\ 4 & 2 & 1 \end{bmatrix} = \begin{bmatrix} 8 & 1 & -4 \end{bmatrix}, (AB)^T = \begin{pmatrix} 8 \\ 1 \\ -4 \end{pmatrix}$

$B^T A^T = \begin{bmatrix} 2 & 1 & 4 \\ -1 & 1 & 2 \\ 0 & 3 & 1 \end{bmatrix} \begin{bmatrix} 1 \\ -2 \\ 2 \end{bmatrix} = \begin{bmatrix} 8 \\ 1 \\ -4 \end{bmatrix}$

故 $(AB)^T = B^T A^T$

5. 方阵的幂及有关性质

对于方阵 A 及正整数 k,$A^k = \underbrace{AA\cdots A}_{k}$ 称为 A 的 k 次幂。

方阵的幂具有下述性质(设 A 是方阵,k、l 为正整数):

(1) $A^k A^l = A^{k+l}$;

(2) $(A^k)^l = A^{kl}$。

由矩阵的乘法不具有交换律可知,一般地,$(AB)^k \neq A^k B^k$。若 A 与 B 可换,则等号成立。

由 n 阶方阵 $A = \begin{bmatrix} a_{11} & a_{12} & \cdots & a_{1n} \\ a_{21} & a_{22} & \cdots & a_{2n} \\ \vdots & \vdots & \ddots & \vdots \\ a_{n1} & a_{n2} & \cdots & a_{nn} \end{bmatrix}$ 的元素按原次序构成的行列式,称为方阵 A 的行列式,记为 $|A|$ 或 $\det A$。

即

$$|A| = \begin{vmatrix} a_{11} & a_{12} & \cdots & a_{1n} \\ a_{21} & a_{22} & \cdots & a_{2n} \\ \vdots & \vdots & \ddots & \vdots \\ a_{n1} & a_{n2} & \cdots & a_{nn} \end{vmatrix}$$

方阵行列式具有下述性质:

设 A、B 为 n 阶方阵,k 为数

(1) $|A| = |A^T|$;

(2) $|kA| = k^n |A|$;

(3) $|AB| = |A||B|$

更一般地,对 n 阶方阵 $A_1 A_2 \cdots A_n$,有

$$|A_1 A_2 \cdots A_n| = |A_1||A_2|\cdots|A_n|$$

对 n 阶方阵 A 有

$$|A^k| = |A|^k$$

例 2.1.5 设 $A = \begin{bmatrix} 1 & -2 \\ 3 & 4 \end{bmatrix}, B = \begin{bmatrix} 1 & -1 \\ 1 & 2 \end{bmatrix}$,求 $|AB|$。

解 $|A|=10$，$|B|=3$，所以 $|A||B|=30$。

$$AB = \begin{bmatrix} 1 & -2 \\ 3 & 4 \end{bmatrix}\begin{bmatrix} 1 & -1 \\ 1 & 2 \end{bmatrix} = \begin{bmatrix} -1 & -5 \\ 7 & 5 \end{bmatrix}$$

$$|AB| = \begin{vmatrix} -1 & -5 \\ 7 & 5 \end{vmatrix} = 30$$

故 $|AB|=|A||B|$

例 2.1.6 (1) 设 A 为三阶方阵，$|A|=4$，求 $|5A|$；

(2) 设 A 为 n 阶方阵，求 $\||A|A\|$。

解 (1) $|5A|=5^3|A|=5^3 \times 4=500$；

(2) 设 $|A|=k$，即 $|A|A=kA$。

$$\||A|A\| = |kA| = k^n|A| = |A|^n|A| = |A|^{n+1}$$

也可以用 Matlab 计算矩阵。

例 2.1.7 设 $A=\begin{bmatrix} 3 & 2 & -1 \\ 1 & -5 & 4 \end{bmatrix}$，$B=\begin{bmatrix} 1 & -5 & 4 \\ 2 & 0 & 6 \end{bmatrix}$，求 $4B-2A$。

解
输入：
```
A=[3,2,-1;1,-5,4];
B=[1,-5,4;2,0,6];
C=4*B-2*A
```
输出：
```
C =
    -2   -24   18
     6    10   16
```
即

$$4B-2A = \begin{bmatrix} -2 & -24 & 18 \\ 6 & 10 & 16 \end{bmatrix}$$

例 2.1.8 设 $A=\begin{bmatrix} 2 & -4 & 7 \\ 9 & 1 & -2 \\ 3 & 5 & 0 \end{bmatrix}$，$B=\begin{bmatrix} 1 \\ 0 \\ -1 \end{bmatrix}$，求 AB 与 $B^{\mathrm{T}}A$，并求 A^5 与 $\||A|A\|$。

解 用 Matlab 计算：
输入：
```
A=[2,-4,7;9,1,-2;3,5,0];
B=[1;0;-1];
C=A*B
```
输出：
```
    C =
       -5
       11
```

输入：
```
transpose(B)*A
```
输出：
```
ans =
 -1   -9   7
```
输入：
```
A^5
```
输出：
```
ans =
   -5317    -1331    14966
   17763   -13719     9383
   14853     6079    -3851
```
输入：
```
A=[2,-4,7;9,1,-2;3,5,0];
C=det(det(A)*A)
```
输出：
```
C =
1.3052e+010
```

因此，

$$AB = \begin{bmatrix} -5 \\ 11 \\ 3 \end{bmatrix}, B^{T}A = \begin{bmatrix} -1 & -9 & 7 \end{bmatrix}, A^{5} = \begin{bmatrix} -5317 & -1331 & 14966 \\ 17763 & -13719 & 9383 \\ 14853 & 6079 & -3851 \end{bmatrix},$$

$$\||A|A\| = 1.3052 \times 10^{10}$$

2.2 几种特殊的方阵

2.2.1 对角矩阵

主对角线以外的元素全为零的方阵，即当 $i \neq j$ 时，元素 $a_{ij}=0(i,j=1,2\cdots,n)$，称为**对角矩阵**，记为

$$\Lambda = \begin{bmatrix} a_{11} & & & \\ & a_{22} & & \\ & & \ddots & \\ & & & a_{nn} \end{bmatrix}$$

（这种记法表示主对角线以外没有注明的元素为零。）
对角矩阵满足
（1）对角矩阵的和、乘积及数乘仍为对角矩阵，即

$$\begin{bmatrix} a_1 & & & \\ & a_2 & & \\ & & \ddots & \\ & & & a_n \end{bmatrix} + \begin{bmatrix} b_1 & & & \\ & b_2 & & \\ & & \ddots & \\ & & & b_n \end{bmatrix} = \begin{bmatrix} a_1+b_1 & & & \\ & a_2+b_2 & & \\ & & \ddots & \\ & & & a_n+b_n \end{bmatrix}$$

$$\begin{bmatrix} a_1 & & & \\ & a_2 & & \\ & & \ddots & \\ & & & a_n \end{bmatrix} \begin{bmatrix} b_1 & & & \\ & b_2 & & \\ & & \ddots & \\ & & & b_n \end{bmatrix} = \begin{bmatrix} a_1b_1 & & & \\ & a_2b_2 & & \\ & & \ddots & \\ & & & a_nb_n \end{bmatrix}$$

$$k \begin{bmatrix} a_1 & & & \\ & a_2 & & \\ & & \ddots & \\ & & & a_n \end{bmatrix} = \begin{bmatrix} ka_1 & & & \\ & ka_2 & & \\ & & \ddots & \\ & & & ka_n \end{bmatrix}$$

（2）一个矩阵左乘（右乘）一个对角矩阵，等于对角矩阵主对角线上的元素分别乘这个矩阵的各行（列）元素。例如

$$\begin{bmatrix} k_1 & & \\ & k_2 & \\ & & k_3 \end{bmatrix} \begin{bmatrix} a_{11} & a_{12} \\ a_{21} & a_{22} \\ a_{31} & a_{32} \end{bmatrix} = \begin{bmatrix} k_1 a_{11} & k_1 a_{12} \\ k_2 a_{21} & k_2 a_{22} \\ k_3 a_{31} & k_3 a_{32} \end{bmatrix}$$

$$\begin{bmatrix} a_{11} & a_{12} \\ a_{21} & a_{22} \\ a_{31} & a_{32} \end{bmatrix} \begin{bmatrix} k_1 & \\ & k_2 \end{bmatrix} = \begin{bmatrix} k_1 a_{11} & k_2 a_{12} \\ k_1 a_{21} & k_2 a_{22} \\ k_1 a_{31} & k_2 a_{32} \end{bmatrix}$$

2.2.2 数量矩阵

如果 n 阶对角矩阵 A 中的元素 $a_{11}=a_{22}=\cdots=a_{nn}=a$ 时，则称 A 为 n **阶数量矩阵**，即

$$A = \begin{bmatrix} a & & & \\ & a & & \\ & & \ddots & \\ & & & a \end{bmatrix}$$

用数量矩阵 A 左乘或右乘一个矩阵 B，等于以数 a 乘矩阵 B。例如，

$$\begin{bmatrix} a & & \\ & a & \\ & & a \end{bmatrix} \begin{bmatrix} b_{11} & b_{12} \\ b_{21} & b_{22} \\ b_{31} & b_{32} \end{bmatrix} = \begin{bmatrix} ab_{11} & ab_{12} \\ ab_{21} & ab_{22} \\ ab_{31} & ab_{32} \end{bmatrix} = a \begin{bmatrix} b_{11} & b_{12} \\ b_{21} & b_{22} \\ b_{31} & b_{32} \end{bmatrix}$$

2.2.3 单位矩阵

如果 n 阶数量矩阵 A 中的元素 $a=1$，则称 A 为 n **阶单位矩阵**，记为 I_n 或 I（也有的记为 E_n 或 E），即

$$I_n = \begin{bmatrix} 1 & & & \\ & 1 & & \\ & & \ddots & \\ & & & 1 \end{bmatrix}$$

单位矩阵满足 $I_m A_{m \times n} = A_{m \times n}, A_{m \times n} I_n = A_{m \times n}$。

对于 n 阶矩阵 A 规定 $A^0 = I_n$。

单位矩阵在矩阵乘法中的作用与数 1 在数的乘法中的作用类似。

2.2.4 三角形矩阵

形如 $\begin{bmatrix} a_{11} & a_{12} & \cdots & a_{1n} \\ & a_{22} & \cdots & a_{2n} \\ & & \ddots & \vdots \\ & & & a_{nn} \end{bmatrix}$ 的矩阵,即主对角线下方全为零,即 $i > j$ 时,$a_{ij} = 0 (i, j = 1, 2, \cdots, n)$ 的矩阵称为上三角矩阵。

形如 $\begin{bmatrix} a_{11} & & & \\ a_{21} & a_{22} & & \\ \vdots & \vdots & \ddots & \\ a_{n1} & a_{n2} & \cdots & a_{nn} \end{bmatrix}$ 的矩阵,即主对角线上方元素均为零,即 $i < j$ 时,$a_{ij} = 0 (i, j = 1, 2, \cdots, n)$ 的矩阵称为下三角矩阵。

容易证明:上(下)三角形矩阵的和、乘积及数乘仍为上(下)三角形矩阵。

2.2.5 对称矩阵

若方阵 $A = \lfloor a_{ij} \rfloor$ 满足 $A^T = A$,即元素 $a_{ij} = a_{ji} (i = 1, 2, \cdots, n)$ 时,则称 A 为对称矩阵。

例如,

$$\begin{bmatrix} 1 & \frac{1}{2} & 0 \\ \frac{1}{2} & 2 & -1 \\ 0 & -1 & 3 \end{bmatrix}$$

为对称矩阵。

容易说明:对称矩阵的和、数乘仍为对称矩阵。但对称矩阵的乘积不一定是对称矩阵。

例如,$A = \begin{bmatrix} 1 & -1 \\ -1 & 0 \end{bmatrix}, B = \begin{bmatrix} 0 & 1 \\ 1 & 0 \end{bmatrix}$ 均为对称矩阵,而 $AB = \begin{bmatrix} -1 & 1 \\ 0 & -1 \end{bmatrix}$ 不是对称矩阵。

关于对称阵有下面结论:

(1) 设 A, B 为 n 阶对称矩阵,AB 是对称的当且仅当 A 与 B 是可交换的。

(2) 对任一 $m \times n$ 矩阵 A,由定义知 $A^T A$ 与 AA^T 均为对称的。

若 n 阶方阵 $A = \lfloor a_{ij} \rfloor$ 满足 $A^T = -A$,即元素满足 $a_{ij} = -a_{ji} (i, j = 1, 2, \cdots, n)$ 时,则称 A 为反对称矩阵。

显然,反对称矩阵的主对角线上的元素均为零。因为 $a_{ii} = -a_{ii}$,所以 $a_{ii} = 0 (i = 1, 2, \cdots, n)$。例如,

$$A = \begin{bmatrix} 0 & 3 & 2 \\ -3 & 0 & 1 \\ -2 & -1 & 0 \end{bmatrix}$$

为反对称矩阵,容易证明反对称矩阵的和、数乘仍是反对称矩阵。

若 A_n(n 为奇数)是反对称矩阵,则 $|A| = 0$。这是因为

$$|A| = |A^T| = |-A| = (-1)^n |A| = -|A|$$

故 $|A| = 0$。

2.3 逆矩阵

对一元线性方程 $ax = b$,当 $a \neq 0$,可得 $x = \dfrac{b}{a} = a^{-1}b$。对一个矩阵方程 $AX = B$,能否有类似方法求出 X 呢?即对 $AX = B$ 是否也存在一个矩阵,使这个矩阵乘以 B 等于 X 呢?这就涉及我们要讨论的逆矩阵的问题。

对于 n 阶矩阵 A,如果存在 n 阶矩阵 B,使得 $AB = BA = I$,则称 A 为**可逆矩阵**,称 B 为 A 的**逆矩阵**(简称为逆),此时也称 A 是可逆的。

如果 A 可逆,A 的逆矩阵是唯一的。这是因为如设 B 和 C 都是 A 的逆矩阵,则有

$$B = BI = B(AC) = (BA)C = IC = C$$

矩阵 A 的唯一逆矩阵记为 A^{-1}。

显然,若 B 是 A 的逆矩阵,则 A 也是 B 的逆矩阵,即 A 与 B 互为逆矩阵。

若 n 阶矩阵 A 的行列式 $|A| \neq 0$,则称 A 为**非奇异的**。

n 阶矩阵 $A = [a_{ij}]$ 可逆的充分必要条件是 A 为非奇异的,并且

$$A^{-1} = \frac{1}{|A|} \begin{bmatrix} A_{11} & A_{21} & \cdots & A_{n1} \\ A_{12} & A_{22} & \cdots & A_{n2} \\ \vdots & \vdots & \ddots & \vdots \\ A_{1n} & A_{2n} & \cdots & A_{nn} \end{bmatrix}$$

其中 A_{ij} 是 $|A|$ 中元素 a_{ij} 的代数余子式。

矩阵 $\begin{bmatrix} A_{11} & A_{21} & \cdots & A_{n1} \\ A_{12} & A_{22} & \cdots & A_{n2} \\ \vdots & \vdots & \ddots & \vdots \\ A_{1n} & A_{2n} & \cdots & A_{nn} \end{bmatrix}$ 称为矩阵 A 的**伴随矩阵**,记为 A^*,于是有

$$A^{-1} = \frac{1}{|A|} A^*$$

上述结论给出了判定一矩阵是否可逆的简单的方法,同时还给出了当一个矩阵可逆时,其逆的公式。

例 2.3.1 判别矩阵 $A = \begin{bmatrix} 1 & 2 \\ 3 & 4 \end{bmatrix}$ 是否可逆,若可逆,则求其逆。

解 因为 $|A| = 1 \times 4 - 2 \times 3 = -2 \neq 0$,所以 A 可逆。

$$A_{11} = 4, A_{12} = -3, A_{21} = -2, A_{22} = 1$$

$$A^* = \begin{bmatrix} 4 & -2 \\ -3 & 1 \end{bmatrix}, A^{-1} = -\frac{1}{2}\begin{bmatrix} 4 & -2 \\ -3 & 1 \end{bmatrix}$$

一般地求一矩阵的伴随矩阵比较麻烦,此时可用 Matlab 来计算。

例 2.3.2 设 $A = \begin{bmatrix} 1 & 0 & 2 \\ 0 & 3 & 4 \\ -1 & 1 & 0 \end{bmatrix}$,求 $A^{-1}, (A^*)^{-1}$。

解 用 Matlab 计算:

输入:
```
A=[1,0,2;0,3,4;-1,1,0];
B=det(A)
```
输出:
```
B =
   2
```
可知 $|A| = 2 \neq 0$,因此 A 是可逆的。

输入:
```
C=inv(A)        % 求矩阵 A 的逆矩阵
```
输出:
```
C =
   -2.0000    1.0000   -3.0000
   -2.0000    1.0000   -2.0000
    1.5000   -0.5000    1.5000
```

于是可得

$$A^{-1} = \begin{bmatrix} -2 & 1 & -3 \\ -2 & 1 & -2 \\ \frac{3}{2} & -\frac{1}{2} & \frac{3}{2} \end{bmatrix}$$

所以

$$A^{-1} = \frac{1}{|A|}A^* = \begin{bmatrix} -2 & 1 & -3 \\ -2 & 1 & -2 \\ \frac{3}{2} & -\frac{1}{2} & \frac{3}{2} \end{bmatrix}$$

又因为

$$A\frac{1}{|A|}A^* = \frac{1}{|A|}A^*A = E,$$

即

$$\left(\frac{1}{|A|}A\right)A^* = A^*\left(\frac{1}{|A|}A\right) = E$$

因此

$$(A^*)^{-1} = \frac{1}{|A|}A = \frac{1}{2}\begin{bmatrix} 1 & 0 & 2 \\ 0 & 3 & 4 \\ -1 & 1 & 0 \end{bmatrix}$$

由上述结论可得：**若 A 是 n 阶矩阵，且存在 n 阶矩阵 B，使 $AB=I$ 或 $BA=I$，则 A 可逆，且 B 为 A 的可逆矩阵。** 这是因为

若 $AB=I$，则 $|AB|=|A||B|=|I|=1$。故 $|A|\neq 0$，于是 A 可逆，设其逆矩阵为 A^{-1}，又有 $B=IB=(A^{-1}A)B=A^{-1}(AB)=A^{-1}I=A^{-1}$。

同理可证：若有 $BA=I$，则 $B=A^{-1}$，即 B 为 A 的逆矩阵。

这一结论说明：如果要验证 B 是 A 的逆矩阵，只要验证一个等式 $AB=I$ 或 $BA=I$ 即可，不必再按定义验证两个等式。

逆矩阵具有下述性质：

(1) 若 A 可逆，则 A^{-1} 也可逆，并且 $(A^{-1})^{-1}=A$；

(2) 若 A 可逆，则 A^{T} 也可逆，且 $(A^{\mathrm{T}})^{-1}=(A^{-1})^{\mathrm{T}}$；

(3) 若 A 与 B 是同阶可逆矩阵，则 AB 也可逆，且 $(AB)^{-1}=B^{-1}A^{-1}$，一般的，$(A_1A_2\cdots A_m)^{-1}=A_m^{-1}\cdots A_2^{-1}A_1^{-1}$，特别地，$(A^m)^{-1}=(A^{-1})^m$；

(4) 若 A 可逆，则 kA 也可逆（数 $k\neq 0$），且 $(kA)^{-1}=\frac{1}{k}A^{-1}$。

可如下说明性质(3)：因为 $(AB)(B^{-1}A^{-1})=A(BB^{-1})A^{-1}=AA^{-1}=I$，故 $(AB)^{-1}=B^{-1}A^{-1}$。其他性质可类似说明。

习 题 2

一、填空题

1. 设 A 为奇数阶反对称矩阵，则 $|A|=$ _____。

2. 设 A 为四阶矩阵，且 $|A|=3$，$|-2A|=$ _____。

3. 设 $A=\begin{bmatrix} 1 & 0 & 0 \\ 2 & 2 & 0 \\ 3 & 4 & 5 \end{bmatrix}$，$A^*$ 是 A 的伴随矩阵，则 $(A^*)^{-1}=$ _____。

4. $A=\begin{bmatrix} 0 & 0 & 1 & 1 \\ 0 & 0 & 1 & 2 \\ 0 & 1 & 0 & 0 \\ -1 & 0 & 0 & 0 \end{bmatrix}$，则 $A^{-1}=$ _____。

5. 设 A 为 n 阶矩阵，A^* 为其伴随矩阵，$|A|=\frac{1}{3}$，则 $\left|\left(\frac{1}{4}A\right)^{-1}-15A^*\right|=$ _____。

6. 设 $A = \begin{bmatrix} 1 & 0 & 1 \\ 0 & 2 & 0 \\ 1 & 0 & 1 \end{bmatrix}$，则 $A^n - 2A^{n-1}$ ($n \geq 2$ 为整数) = _____。

二、选择题

1. A, B 均为 n 阶方阵，且 $(A+B)(A-B) = A^2 - B^2$，则必有（ ）。
   (A) $A = B$ (B) $A = I$ (C) $AB = BA$ (D) $B = I$

2. A, B 均为 n 阶方阵，且 $AB = 0$，则必有（ ）。
   (A) $A = 0$ 或 $B = 0$ (B) $A + B = 0$
   (C) $|A| = 0$ 或 $|B| = 0$ (D) $|A| + |B| = 0$

3. 已知 B 为可逆矩阵，则 $((B^T)^{-1})^T = ($ $)$。
   (A) B (B) B^T (C) B^{-1} (D) $(B^{-1})^T$

4. A 是 n 阶可逆矩阵，A^* 是 A 的伴随矩阵，则 $|A^*| = ($ $)$。
   (A) $|A|^{n-1}$ (B) $|A|^{n-2}$ (C) $|A|^n$ (D) $|A|$

5. 设 $A, B, A+B, A^{-1}+B^{-1}$ 均为 n 阶可逆矩阵，则 $(A^{-1}+B^{-1})^{-1} = ($ $)$。
   (A) $A^{-1}+B^{-1}$ (B) $A+B$ (C) $A(A+B)^{-1}B$ (D) $(A+B)^{-1}$

6. 设 n 阶方阵 A, B, C 满足关系式 $ABC = I$，其中 I 是 n 阶单位矩阵，则必有（ ）。
   (A) $ACB = I$ (B) $CBA = I$ (C) $BAC = I$ (D) $BCA = I$

三、计算题

1. 设 $A = \begin{bmatrix} 3 & 1 & 1 \\ 2 & 1 & 2 \\ 1 & 2 & 3 \end{bmatrix}, B = \begin{bmatrix} 1 & 1 & -1 \\ 2 & -1 & 0 \\ 1 & 0 & 1 \end{bmatrix}$。

   (1) 求 $AB - BA$；
   (2) 若 X 满足 $2A + 3B + X = 0$，求 X。

2. 计算

   (1) $\begin{bmatrix} 1 & 2 & 3 \end{bmatrix} \begin{bmatrix} 1 \\ 2 \\ 3 \end{bmatrix}$ (2) $\begin{bmatrix} 1 \\ 2 \\ 3 \end{bmatrix} \begin{bmatrix} 1 & 2 & 3 \end{bmatrix}$

   (3) $\begin{bmatrix} 3 & 1 & 2 & -1 \\ 0 & 3 & 1 & 0 \end{bmatrix} \begin{bmatrix} 1 & 0 & 5 \\ 0 & 2 & 0 \\ 1 & 0 & 1 \\ 0 & 3 & 0 \end{bmatrix} \begin{bmatrix} -1 & 0 \\ 1 & 5 \\ 0 & 2 \end{bmatrix}$

   (4) $\begin{bmatrix} x & y & z \end{bmatrix} \begin{bmatrix} 2 & -1 & -2 \\ -1 & 3 & 5 \\ -2 & 5 & 4 \end{bmatrix} \begin{bmatrix} x \\ y \\ z \end{bmatrix}$

3. 计算下列矩阵（n 为正整数）。

   (1) $\begin{bmatrix} a & 0 & 0 \\ 0 & b & 0 \\ 0 & 0 & c \end{bmatrix}^n$ (2) $\begin{bmatrix} 1 & 1 \\ 1 & 1 \end{bmatrix}^4$ (3) $\begin{bmatrix} 1 & 1 \\ 0 & 1 \end{bmatrix}^n$

4. 已知 $A = \begin{bmatrix} 1 & 0 & 3 \\ 0 & 2 & 1 \\ 0 & 0 & 1 \end{bmatrix}, B = \begin{bmatrix} 1 & 0 & 0 \\ 0 & 2 & 1 \\ 3 & 0 & 1 \end{bmatrix}$,求

(1) $(A+B)(A-B)$

(2) $A^2 - B^2$

5. 判断下列矩阵是否可逆,若可逆,求其逆矩阵。

(1) $\begin{bmatrix} 2 & 2 & 3 \\ 1 & -1 & 0 \\ -1 & 2 & 1 \end{bmatrix}$ (2) $\begin{bmatrix} & & 2 \\ & -3 & \\ 4 & & \\ -5 & & \end{bmatrix}$

6. 用求逆矩阵的方法解下列矩阵方程。

(1) $\begin{bmatrix} 1 & 1 & -1 \\ 0 & 2 & 2 \\ 1 & -1 & 0 \end{bmatrix} X = \begin{bmatrix} 1 & -1 & 1 \\ 1 & 1 & 0 \\ 2 & 1 & 1 \end{bmatrix}$

(2) $\begin{bmatrix} 1 & -2 & 0 \\ 4 & -2 & -1 \\ -3 & 1 & 2 \end{bmatrix} X \begin{bmatrix} 3 & -1 & 2 \\ 1 & 0 & -1 \\ -2 & 1 & 4 \end{bmatrix} = \begin{bmatrix} 5 & 0 & 1 \\ 1 & -3 & 0 \\ -2 & 1 & 3 \end{bmatrix}$

(3) $\begin{bmatrix} 1 & 1 & -1 \\ 0 & 2 & 2 \\ 1 & -1 & 0 \end{bmatrix} X = \begin{bmatrix} 1 \\ 4 \\ 1 \end{bmatrix}$

7. (1) 已知 $A = \begin{bmatrix} 1 & 1 & -1 \\ 0 & 1 & 1 \\ 0 & 0 & -1 \end{bmatrix}$,且 $A^2 - AB = I$,其中 I 是三阶单位矩阵,求矩阵 B。

(2) 已知 $A = \begin{bmatrix} 4 & 2 & 3 \\ 1 & 1 & 0 \\ -1 & 2 & 3 \end{bmatrix}$,且满足 $AB = 2B + A$,求矩阵 B。

第3章 线性方程组

本章将要讨论最一般的线性方程组的求解,这是线性代数中的一个重要问题,它在自然科学、工程技术、管理与经济中都得到了广泛的应用。

3.1 矩阵的初等变换

对矩阵施以下列三种变换,称为矩阵的初等变换:
(1) 交换矩阵的两行(列);
(2) 用一个非零数 k 乘矩阵的某一行(列);
(3) 把矩阵的某一行(列)的 k 倍加到另一行(列)上。
作用于一矩阵行(列)上的初等变换称为**初等行(列)变换**。
满足下列两个条件的矩阵称**为行阶梯形矩阵**:
(1) 矩阵如果存在零行(所有元素都为零的行),则零行都在非零行的下方。
(2) 矩阵各非零行的首非零元素下方的元素(与首非零元素在同一列且在其下方)均为零。
(3) 非零行首非零元素的列标随行标的递增而递增。
满足下列两个条件的行阶梯形矩阵称为**简化阶梯型矩阵**。
(1) 非零行的首非零元素均为1。
(2) 首非零元素1所在列的其他元素都为零。
可以证明:**任意矩阵可经初等行变换变成行阶梯型矩阵和简化阶梯型矩阵**。
称一矩阵经初等行变换变成的行简化阶梯型矩阵为该矩阵的行简化阶梯型矩阵。

例 3.1.1 求矩阵 $A = \begin{bmatrix} 2 & 2 & -1 & 6 \\ 1 & -2 & 4 & 3 \\ 5 & 2 & 1 & 16 \end{bmatrix}$ 的行简化阶梯型矩阵。

解

$$A = \begin{bmatrix} 2 & 2 & -1 & 6 \\ 1 & -2 & 4 & 3 \\ 5 & 2 & 1 & 16 \end{bmatrix} \xrightarrow{(1,2)} \begin{bmatrix} 1 & -2 & 4 & 3 \\ 2 & 2 & -1 & 6 \\ 5 & 2 & 1 & 16 \end{bmatrix} \xrightarrow{2+1\times(-2);3+1\times(-5)} \begin{bmatrix} 1 & -2 & 4 & 3 \\ 0 & 6 & -9 & 0 \\ 0 & 12 & -19 & 1 \end{bmatrix}$$

$$\xrightarrow{3\times(-1)} \begin{bmatrix} 1 & -2 & 4 & 3 \\ 0 & 6 & -9 & 0 \\ 0 & 0 & 1 & -1 \end{bmatrix} \xrightarrow{2+3\times 9;1+3\times(-4)} \begin{bmatrix} 1 & -2 & 0 & 7 \\ 0 & 6 & 0 & -9 \\ 0 & 0 & 1 & -1 \end{bmatrix} \xrightarrow{2\times\frac{1}{6}} \begin{bmatrix} 1 & -2 & 0 & 7 \\ 0 & 1 & 0 & -\frac{3}{2} \\ 0 & 0 & 1 & -1 \end{bmatrix}$$

$$\xrightarrow{1+2\times 2} \begin{bmatrix} 1 & 0 & 0 & 4 \\ 0 & 1 & 0 & -\dfrac{3}{2} \\ 0 & 0 & 1 & -1 \end{bmatrix}（简化阶梯型矩阵）。$$

也可以用 Matlab 来做此例：
输入：
A=[2,2,-1,6;1,-2,4,3;5,2,1,16];
rref(A)   % 求出 A 的简化阶梯型矩阵
输出：
        ans =
    1.0000   0   0   4.0000
         0   1.0000   0   -1.5000
         0   0   1.0000   -1.0000

设 $A=[a_{ij}]_{m\times n}$，从 A 中任取 k 行，k 列 ($0<k\leqslant \min(m,n)$) 位于这些行、列交叉点的 k^2 个元素按原次序组成一个 k 阶行列式，称为 A 的一个 k **阶子式**。例如，

$$A=\begin{bmatrix} 1 & 3 & 4 & 5 \\ -5 & 1 & 3 & -4 \\ 2 & 0 & 1 & -1 \end{bmatrix}$$

取矩阵 A 的第 1、3 行，第 2、4 列，得到一个 2 阶子式

$$\begin{vmatrix} 3 & 5 \\ 0 & -1 \end{vmatrix}$$

设 A 为一个 $m\times n$ 矩阵，当 $A=0$ 时，它的任何子式都为零；当 $A\neq 0$ 时，它至少有一个元素不为零，即至少有一个 1 阶子式不为零。再考察 2 阶子式，如果 A 中有 2 阶子式不为零，则继续考察 3 阶子式，依此类推，最后 A 中有 r 阶子式不为零，而所有的 $r+1$ 阶子式（存在的话）都为零，这个不为零的子式的最高阶数 r 反映了 A 内在的重要特征，为此引出以下定义。

在 $m\times n$ 矩阵 A 中，若存在一个不为零的 r 阶子式，且不存在 $r+1$ 阶子式或所有的 $r+1$ 阶子式均为零，则称 r 为矩阵 A 的秩，记为秩 $r(A)=r$。

当 $A=0$ 时，规定 $r(A)=0$。

由定义可知：① $0\leqslant r(A)\leqslant \min(m,n)$；② $r(A)=r(A^T)$。

当 A 为 n 阶方阵时，若 $|A|\neq 0$，则 $r(A)=n$，此时称 A 为满秩矩阵，显然 A 为满秩矩阵当且仅当 A 是可逆的。

对矩阵 $A=\begin{bmatrix} 1 & 6 & 2 & 7 \\ 0 & 2 & 7 & 5 \\ 0 & 0 & 1 & 3 \\ 0 & 0 & 0 & 0 \end{bmatrix}$，有 3 阶子式 $\begin{vmatrix} 1 & 6 & 2 \\ 0 & 2 & 7 \\ 0 & 0 & 1 \end{vmatrix}=2\neq 0$，而 4 阶子式 $|A|=0$，所以 $r(A)=3$。可见阶梯形矩阵的秩等于非零行的行数。

用定义求行数、列数都很大的矩阵的秩是很困难的。下面结论给出了一个求矩阵秩的简单方法。

可以证明:**初等变换不改变矩阵的秩**。

由于矩阵 $A_{m\times n}$ 经初等行变换可化成行阶梯型矩阵,而行阶梯型矩阵的秩等于非零行的个数,再由上面结论就得到了矩阵 $A_{m\times n}$ 的秩,即对任意 $m\times n$ 矩阵 A,用初等行变换将 A 化为行阶梯型,这个行阶梯型矩阵的非零行的个数即为 A 的秩。

例 3.1.2 设 $A = \begin{bmatrix} 1 & 1 & 2 & 1 \\ 2 & -1 & 2 & 4 \\ 4 & 1 & 4 & 2 \end{bmatrix}$,求 $r(A)$。

解

$$A = \begin{bmatrix} 1 & 1 & 2 & 1 \\ 2 & -1 & 2 & 4 \\ 4 & 1 & 4 & 2 \end{bmatrix} \rightarrow \begin{bmatrix} 1 & 1 & 2 & 1 \\ 0 & -3 & -2 & 2 \\ 0 & 3 & -4 & -2 \end{bmatrix} \rightarrow \begin{bmatrix} 1 & 1 & 2 & 1 \\ 0 & -3 & -2 & 2 \\ 0 & 0 & -2 & -4 \end{bmatrix}$$

所以,$r(A) = 3$。

也可以用 Matlab 直接计算矩阵的秩:

输入:
```
A=[1,1,2,1;2,-1,2,4;4,1,4,2];
rank(A)          % 求矩阵 A 的秩
```
输出:
```
ans =
   3
```

3.2 方程组的消元解法

线性方程组的一般形式是

$$\begin{cases} a_{11}x_1 + a_{12}x_2 + \cdots + a_{1n}x_n = b_1 \\ a_{21}x_1 + a_{22}x_2 + \cdots + a_{2n}x_n = b_2 \\ \vdots \\ a_{m1}x_1 + a_{m2}x_2 + \cdots + a_{mn}x_n = b_m \end{cases} \quad (*)$$

如果令 $A = \begin{bmatrix} a_{11} & a_{12} & \cdots & a_{1n} \\ a_{21} & a_{22} & \cdots & a_{2n} \\ \vdots & \vdots & \ddots & \vdots \\ a_{m1} & a_{m2} & \cdots & a_{mn} \end{bmatrix}, x = \begin{bmatrix} x_1 \\ x_2 \\ \vdots \\ x_n \end{bmatrix}, b = \begin{bmatrix} b_1 \\ b_2 \\ \vdots \\ b_m \end{bmatrix}$

则线性方程组(*)可表示为矩阵形式

$$Ax = b$$

称矩阵 A 为线性方程组(*)的**系数矩阵**,称 (A, b) 为线性方程组(*)的**增广矩阵**(简称增广矩阵),记做 $\overline{A}$。很显然,每个方程组与它的增广矩阵相互唯一确定。

当 $b_i = 0 (i = 1, 2, \cdots, m)$ 时,线性方程组称为**齐次线性方程组**,可表示为矩阵形式

$$Ax = 0$$

否则,称为**非齐次线性方程组**。

如果线性方程组(*)的系数矩阵是方阵,且$|A|\neq 0$,则 A 是可逆阵,于是有

$$A^{-1}AX = A^{-1}b, 即 X = A^{-1}b = \begin{bmatrix} x_1^0 \\ x_2^0 \\ \vdots \\ x_n^0 \end{bmatrix},$$ 则 $x_1 = x_1^0, x_2 = x_2^0, \cdots, x_n = x_n^0$ 便是线性方程组(*)

唯一的解。这其实就是克莱姆法则的另一种表述。

消元解法实际上是对方程组不断地利用初等变换消去一些变量,从而得到解的一种方法。所谓方程组的初等变换是对方程组作的以下三种变换:

(1) 交换两个方程的位置;
(2) 用一个非零的数乘以某个方程(即用该数乘以方程的两端);
(3) 将某个方程加上另一个方程乘以某一个数。

显然,线性方程组的初等变换是同解变换(不改变方程组的解的变换)。

下面用 $\xrightarrow{j+i\times(k)}, \xrightarrow{i\times(k)}, \xrightarrow{(i,j)}$ 分别表示方程组的初等变换第 i 个方程加上第 j 个方程乘以 k,第 i 个方程乘以非零数 k 和交换第 i 个方程与第 j 个方程的位置。

例如求解下列方程组。

例 3.2.1 解方程组 $\begin{cases} x_1 + 3x_2 + x_3 = 5 \\ 2x_1 + x_2 + x_3 = 2 \\ x_1 + x_2 + 5x_3 = -7 \end{cases}$

解

$\begin{cases} x_1 + 3x_2 + x_3 = 5 \\ 2x_1 + x_2 + x_3 = 2 \\ x_1 + x_2 + 5x_3 = -7 \end{cases} \xrightarrow{2+1\times(-2); 3+1\times(-1)} \begin{cases} x_1 + 3x_2 + x_3 = 5 \\ -5x_2 - x_3 = -8 \\ -2x_2 + 4x_3 = -12 \end{cases} \xrightarrow{3\times(-\frac{1}{2})}$

$\begin{cases} x_1 + 3x_2 + x_3 = 5 \\ -5x_2 - x_3 = -8 \\ x_2 - 2x_3 = 6 \end{cases} \xrightarrow{(2,3)} \begin{cases} x_1 + 3x_2 + x_3 = 5 \\ x_2 - 2x_3 = 6 \\ -5x_2 - x_3 = -8 \end{cases} \xrightarrow{3+2\times 5} \begin{cases} x_1 + 3x_2 + x_3 = 5 \\ x_2 - 2x_3 = 6 \\ -11x_3 = 22 \end{cases} \xrightarrow{3\times(-\frac{1}{11})}$

$\begin{cases} x_1 + 3x_2 + x_3 = 5 \\ x_2 - 2x_3 = 6 \\ x_3 = -2 \end{cases} \xrightarrow{2+3\times 2; 1+3\times(-1)}$

$\begin{cases} x_1 + 3x_2 = 7 \\ x_2 = 2 \\ x_3 = -2 \end{cases} \xrightarrow{1+2\times(-3)} \begin{cases} x_1 = 1 \\ x_2 = 2 \\ x_3 = -2 \end{cases}$

由最后方程组便可知道原方程组的解。

在解题的过程中,方程组中未知变量、运算符号和等号并没有参加运算,参加运算的只是未知量前面的系数和常数项。因此,每个方程组都可以只用其增广矩阵来表示,而方程组的初等变换则对应着矩阵的初等行变换。这样整个解题过程就变成

$$\bar{A} = \begin{bmatrix} 1 & 3 & 1 & 5 \\ 2 & 1 & 1 & 2 \\ 1 & 1 & 5 & -7 \end{bmatrix} \xrightarrow{2+1\times(-2);3+1\times(-1)} \begin{bmatrix} 1 & 3 & 1 & 5 \\ 0 & -5 & -1 & -8 \\ 0 & -2 & 4 & -12 \end{bmatrix} \xrightarrow{3\times\left(-\frac{1}{2}\right)}$$

$$\begin{bmatrix} 1 & 3 & 1 & 5 \\ 0 & -5 & -1 & -8 \\ 0 & 1 & -2 & 6 \end{bmatrix} \xrightarrow{(2,3)} \begin{bmatrix} 1 & 3 & 1 & 5 \\ 0 & 1 & -2 & 6 \\ 0 & -5 & -1 & -8 \end{bmatrix} \xrightarrow{3+2\times 5} \begin{bmatrix} 1 & 3 & 1 & 5 \\ 0 & 1 & -2 & 6 \\ 0 & 0 & -11 & 22 \end{bmatrix} \xrightarrow{3\times\left(-\frac{1}{11}\right)}$$

$$\begin{bmatrix} 1 & 3 & 1 & 5 \\ 0 & 1 & -2 & 6 \\ 0 & 0 & 1 & -2 \end{bmatrix} \xrightarrow{2+3\times 2;1+3\times(-1)} \begin{bmatrix} 1 & 3 & 0 & 7 \\ 0 & 1 & 0 & 2 \\ 0 & 0 & 1 & -2 \end{bmatrix} \xrightarrow{1+2\times(-3)} \begin{bmatrix} 1 & 0 & 0 & 1 \\ 0 & 1 & 0 & 2 \\ 0 & 0 & 1 & -2 \end{bmatrix}$$

最后一个方程组对应着方程组的解

$$\begin{cases} x_1 = 1 \\ x_2 = 2 \\ x_3 = -2 \end{cases}$$

因此,消元解法就是从方程组的增广矩阵出发,经初等行变换变成简化阶梯型矩阵,由最后的简化阶梯型矩阵便可得方程组的解。

在上例中方程组有唯一的解,此时系数矩阵的秩等于增广矩阵的秩,且等于方程组未知量的个数,都等于3。这种情况不是偶然的。事实上可以证明:**线性方程组(*)有唯一解的充要条件是系数矩阵的秩等于增广矩阵的秩,且等于未知量的个数**。这个结论包含了克莱姆法则,且比克莱姆法则更深刻。

例 3.2.2 解方程组 $\begin{cases} 2x_1 - x_2 + 3x_3 = 1 \\ 4x_1 - 2x_2 + 5x_3 = 4 \\ 2x_1 - x_2 + 4x_3 = -1 \end{cases}$

解

$$\begin{bmatrix} 2 & -1 & 3 & 1 \\ 4 & -2 & 5 & 4 \\ 2 & -1 & 4 & -1 \end{bmatrix} \xrightarrow{2+1\times(-2);3+1\times(-1)} \begin{bmatrix} 2 & -1 & 3 & 1 \\ 0 & 0 & -1 & 2 \\ 0 & 0 & 1 & -2 \end{bmatrix} \xrightarrow{3+2}$$

$$\begin{bmatrix} 2 & -1 & 3 & 1 \\ 0 & 0 & -1 & 2 \\ 0 & 0 & 0 & 0 \end{bmatrix} \xrightarrow{2\times(-1)} \begin{bmatrix} 2 & -1 & 3 & 1 \\ 0 & 0 & 1 & -2 \\ 0 & 0 & 0 & 0 \end{bmatrix} \xrightarrow{1+2\times(-3)}$$

$$\begin{bmatrix} 2 & -1 & 0 & 7 \\ 0 & 0 & 1 & -2 \\ 0 & 0 & 0 & 0 \end{bmatrix} \xrightarrow{1\times\left(\frac{1}{2}\right)} \begin{bmatrix} 1 & -\frac{1}{2} & 0 & \frac{7}{2} \\ 0 & 0 & 1 & -2 \\ 0 & 0 & 0 & 0 \end{bmatrix}$$

最后的行简化阶梯型矩阵对应的方程组为

$$\begin{cases} x_1 - \frac{1}{2}x_2 = \frac{7}{2} \\ x_3 = -2 \\ 0 = 0 \end{cases}$$

再将不是首非零元素对应的变量 x_2（称为自由未知量）移到等式右边，同时去掉最下方的恒等式，变成

$$\begin{cases} x_1 = \dfrac{7}{2} + \dfrac{1}{2}x_2 \\ x_3 = -2 \end{cases}$$

这个方程组显然有无穷多解，这是因为 x_2 任取一个值便可以得到方程组的一个解。

令 $x_2 = c$ 代入上面方程组，可得方程组的全部解（通解）：

$$\begin{cases} x_1 = \dfrac{7}{2} + \dfrac{1}{2}c \\ x_2 = c \\ x_3 = -2 \end{cases} \quad (c\text{ 为任意常数})$$

如果令自由未知量 x_2 取定某个值 c，得到的方程组的解称为特解。

此外可以看出，上例中系数矩阵的秩等于增广矩阵的秩，都等于 2，且严格小于方程组未知量的个数 3。这种情况也不是偶然的。事实上可以证明：**线性方程组(∗)有无穷多解的充要条件是系数矩阵的秩等于增广矩阵的秩，且严格小于未知量的个数。自由未知量的个数等于未知量的个数减去系数矩阵的秩**，即 $n - r(A)$。

例 3.2.3 解方程组 $\begin{cases} 2x_1 - x_2 + 3x_3 = 1 \\ 4x_1 - 2x_2 + 5x_3 = 4 \\ 2x_1 - x_2 + 4x_3 = 2 \end{cases}$

解

$$\begin{bmatrix} 2 & -1 & 3 & 1 \\ 4 & -2 & 5 & 4 \\ 2 & -1 & 4 & 2 \end{bmatrix} \xrightarrow{2+1\times(-2),\,3+1\times(-1)} \begin{bmatrix} 2 & -1 & 3 & 1 \\ 0 & 0 & -1 & 2 \\ 0 & 0 & 1 & 1 \end{bmatrix} \xrightarrow{3+2} \begin{bmatrix} 2 & -1 & 3 & 1 \\ 0 & 0 & -1 & 2 \\ 0 & 0 & 0 & 3 \end{bmatrix}$$

最后一个矩阵对应的方程组为

$$\begin{cases} 2x_1 - x_2 + 3x_3 = 1 \\ -x_3 = 2 \\ 0 = 3 \end{cases}$$

显然最后一个方程 $0 = 3$ 是一个矛盾的方程，因此该方程组无解。此时系数矩阵的秩等于 2，增广矩阵的秩等于 3。这种情况也不是偶然的。事实上可以证明：**线性方程组无解的充要条件是系数矩阵的秩严格小于增广矩阵的秩**。

上面讨论的结果当然可用于齐次线性方程组

$$\begin{cases} a_{11}x_1 + a_{12}x_2 + \cdots + a_{1n}x_n = 0 \\ a_{21}x_1 + a_{22}x_2 + \cdots + a_{2n}x_n = 0 \\ \vdots \\ a_{m1}x_1 + a_{m2}x_2 + \cdots + a_{mn}x_n = 0 \end{cases} \quad (**)$$

齐次线性方程组的矩阵表示为

$$\boldsymbol{AX} = 0$$

A 是系数矩阵,增广矩阵记为 $\bar{A}$。

注意齐次线性方程组一定有解。因为所有变量都取零
$$x_1 = x_2 = \cdots = x_n = 0$$
就是一个解(称为零解)。因此,有下面的结论:

(1) 齐次线性方程组(* *)有 $r(A) = r(\bar{A})$;

(2) 齐次线性方程组只有零解的充要条件是 $r(A) = n$;

(3) 齐次线性方程组有非零解的充要条件是 $r(A) < n$。

例 3.2.4 解线性方程组 $\begin{cases} 2x_1 + 4x_2 - x_3 + x_4 = 0 \\ x_1 - 3x_2 + 2x_3 + 3x_4 = 0 \\ 3x_1 + x_2 + x_3 + 4x_4 = 0 \end{cases}$

解 对系数矩阵(增广矩阵最后一列都是零可略掉)做初等变换

$$\begin{bmatrix} 2 & 4 & -1 & 1 \\ 1 & -3 & 2 & 3 \\ 3 & 1 & 1 & 4 \end{bmatrix} \xrightarrow{(1,2)} \begin{bmatrix} 1 & -3 & 2 & 3 \\ 2 & 4 & -1 & 1 \\ 3 & 1 & 1 & 4 \end{bmatrix} \xrightarrow{2+1\times(-2);3+1\times(-3)} \begin{bmatrix} 1 & -3 & 2 & 3 \\ 0 & 10 & -5 & -5 \\ 0 & 10 & -5 & -5 \end{bmatrix}$$

$$\xrightarrow{3+2\times(-1),2\times\frac{1}{10}} \begin{bmatrix} 1 & -3 & 2 & 3 \\ 0 & 1 & -\frac{1}{2} & -\frac{1}{2} \\ 0 & 0 & 0 & 0 \end{bmatrix} \xrightarrow{1+2\times 3} \begin{bmatrix} 1 & 0 & \frac{1}{2} & \frac{3}{2} \\ 0 & 1 & -\frac{1}{2} & -\frac{1}{2} \\ 0 & 0 & 0 & 0 \end{bmatrix}$$

$r(A) = 2 < 4$,$Ax = 0$ 有无穷多解,最后矩阵对应的方程组为

$$\begin{cases} x_1 = -\frac{1}{2}x_3 - \frac{3}{2}x_4 \\ x_2 = \frac{1}{2}x_3 + \frac{1}{2}x_4 \end{cases}$$

令自由未知量 $x_3 = c_1, x_4 = c_2$,得方程组的全部解(通解)

$$\begin{cases} x_1 = -\frac{1}{2}c_1 - \frac{3}{2}c_2 \\ x_2 = \frac{1}{2}c_1 + \frac{1}{2}c_2 \\ x_3 = c_1 \\ x_4 = c_2 \end{cases} \quad (c_1, c_2 \text{ 为任意常数})$$

用 Matlab 也可解线性方程组。

例 3.2.5 解线性方程组 $\begin{cases} x_1 - x_2 - x_3 - 3x_4 = -4 \\ x_1 - x_2 + x_3 + 5x_4 = 6 \\ -4x_1 + 4x_2 + x_3 - x_4 = 0 \\ x_1 - 2x_2 - x_3 + 3x_4 = -3 \end{cases}$

解

输入:

[w,x,y,z] = solve('w - x - y - 3 * z = - 4','w - x + y + 5 * z = 6',' - 4 * w + 4 * x + y - z = 0','w - 2 * x - y + 3 * z = - 3')

输出:

w =
5
x =
5
y =
1
z =
1

即

$$x_1 = 5, x_2 = 5, x_3 = 1, x_4 = 1$$

此例也可另解如下:

输入:

clear;
A = [1, -1, -1, -3;1, -1,1,5; -4,4,1, -1;1, -2, -1,3];
b = transpose([-4,6,0, -3]);
x = inv(A) * b

输出:

x =
5
5
1
1

例 3.2.6 求方程组 $\begin{cases} 2x_1 + 4x_2 - x_3 + x_4 = 0 \\ x_1 - 3x_2 + 2x_3 + 3x_4 = 0 \\ 3x_1 + x_2 + x_3 + 4x_4 = 0 \end{cases}$ 的通解。

解

输入:

A = [2,4, -1,1;1, -3,2,3;3,1,1,4];
rref(A)

输出:

ans =

1	0	1/2	3/2
0	1	-1/2	-1/2
0	0	0	0

即有同解方程组 $\begin{cases} x_1 + \dfrac{1}{2}x_3 + \dfrac{3}{2}x_4 = 0 \\ x_2 - \dfrac{1}{2}x_3 - \dfrac{1}{2}x_4 = 0 \end{cases}$,

因此,通解为

$$\begin{cases} x_1 = -\dfrac{1}{2}c_1 - \dfrac{3}{2}c_2 \\ x_2 = \dfrac{1}{2}c_1 + \dfrac{1}{2}c_2 \\ x_3 = c_1 \\ x_4 = c_2 \end{cases} \quad (c_1, c_2 \text{ 为任意常数})$$

例 3.2.7 当 a 分别为何值时,方程组

$$\begin{cases} ax_1 + x_2 + x_3 = 1 \\ x_1 + ax_2 + x_3 = 1 \\ x_1 + x_2 + ax_3 = 1 \end{cases}$$

有唯一解？无解？有无穷多解？当有无穷多解时,求出通解。

解

输入:

```
syms a;
A=[a,1,1;1,a,1;1,1,a];
det(A)
```

输出:

```
ans =
a^3 - 3*a + 2
```

即系数行列式等于 $a^3 - 3a + 2$,再令 $a^3 - 3a + 2 = 0$,解出 a。

输入:

```
a = solve(a^3 - 3*a + 2)
```

输出:

```
a =
-2
1
1
```

因此,由克莱姆法则当 $a \neq -2$ 且 $a \neq 1$ 时,方程组有唯一的解。

输入:

```
clear;
[x,y,z]=solve ('a*x+y+z=1','x+a*y+z=1','x+y+a*z=1')
```

输出:

```
x =
```

```
1/(a + 2)
y =
1/(a + 2)
z =
1/(a + 2)
```
当 $a = -2$ 时，

输入：
```
clear;
[x,y,z] = solve('-2x+y+z=1','x-2*y+z=1','x+y-2*z=1')
```
输出：
```
x =
[ empty sym ]
y =
[]
z =
[]
```
此时，方程组无解。当 $a = 1$ 时，

输入：
```
clear;
[x,y,z] = solve('x+y+z=1','x+y+z=1','x+y+z=1')
x =
1 - z2 - z1
y =
z2
z =
z1
```
此时，方程组有无穷多解。通解为

$$\begin{cases} x_1 = 1 - c_1 - c_2 \\ x_2 = c_1 \\ x_3 = c_2 \end{cases} \quad (c_1, c_2 \text{ 为任意数})$$

3.3 线性方程组的应用

许多自然现象和社会现象用数学语言来刻画(数学模型)时，都可以表示为线性方程组或近似地表示为线性方程组。因此，线性方程组的理论在研究实际问题时就显得十分重要。

3.3.1 网络流模型

网络流模型广泛应用于交通、运输、通信、电力分配、城市规划、任务分派以及计算机辅

助设计等众多领域。当科学家、工程师和经济学家研究某种网络中的流量问题时,线性方程组就自然产生了,例如,城市规划设计人员和交通工程师监控城市道路网格内的交通流量,电气工程师计算电路中流经的电流,经济学家分析产品通过批发商和零售商网络从生产者到消费者的分配等。大多数网络流模型中的方程组都包含了数百甚至上千未知量和线性方程。

一个网络由一个点集以及连接部分或全部点的直线或弧线构成。网络中的点称作联结点(或节点),网络中的连接线称作分支。每一分支中的流量方向已经指定,并且流量(或流速)已知或者已标为变量。

网络流的基本假设是网络中流入与流出的总量相等,并且每个联结点流入和流出的总量也相等。例如,下面图 3-3-1 分别说明了流量从一个或两个分支流入联结点,x_1,x_2 和 x_3 分别表示从其他分支流出的流量,x_4 和 x_5 表示从其他分支流入的流量。因为流量在每个联结点守恒,所以有 $x_1+x_2=60$ 和 $x_4+x_5=x_3+80$。在类似的网络模型中,每个联结点的流量都可以用一个线性方程来表示。网络分析要解决的问题就是:在部分信息(如网络的输入量)已知的情况下,确定每一分支中的流量。

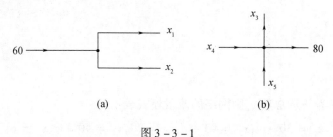

图 3-3-1

例 3.3.1 图 3-3-2 中的网络给出了在下午一两点钟,某市区部分单行道的交通流量(以每刻钟通过的汽车数量来度量)。试确定网络的流量模式。

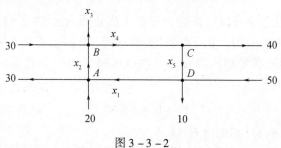

图 3-3-2

解 根据网络流模型的基本假设,在节点(交叉口)A,B,C,D 处,我们可以分别得到下列方程:

$$A: x_1 + 20 = 30 + x_2$$
$$B: x_2 + 30 = x_3 + x_4$$
$$C: x_4 = 40 + x_5$$
$$D: x_5 + 50 = 10 + x_1$$

此外,该网络的总流入(20+30+50)等于网络的总流出(30+x_3+40+10),化简得 $x_3=20$。把这个方程与整理后的前 4 个方程联立,得如下方程组:

$$\begin{cases} x_1 - x_2 = 10 \\ x_2 - x_3 - x_4 = -30 \\ x_4 - x_5 = 40 \\ x_1 - x_5 = 40 \\ x_3 = 20 \end{cases}$$

现求解如下:

输入:
```
clear;
[w,v,x,y,z] = solve('w-v=10','v-x-y=-30','y-z=40','w-z=40','x=20')
```

输出:
```
w =
z1 + 30
v =
z1 + 40
x =
20
y =
z1 + 40
z = z1
```

即取 $x_5 = c$ (c 为任意常数),则网络的流量模式表示为

$$x_1 = 30 + c, x_2 = 40 + c, x_3 = 20, x_4 = 40 + c, x_5 = c$$

网络分支中的负流量表示与模型中指定的方向相反。

3.3.2 电网模型

一个简单电网中的电流可以用线性方程组来描述并确定,本段将通过实例展示线性方程组在确定回路电流中的应用。电压电源(如电池等)迫使电子在电网中流动形成电流,当电流经过电阻(如灯泡或者发动机等)时,一些电压被"消耗"。根据欧姆定律,流经电阻时的"电压降"由下列公式给出:

$$U = IR$$

其中电压 $U(\text{V})$、电阻 $R(\Omega)$ 和电流 $I(\text{A})$。

对于电路网络,任何一个闭合回路的电流服从基尔霍夫电压定律:沿某个方向环绕回路一周的所有电压降 U 的代数和等于沿同一方向环绕该回路一周的电源电压的代数和。

例 3.3.2 确定图 3-3-3 电网中的回路电流。

解 在回路 1 中,电流 I_1 流经 3 个电阻,其电压降为

$$I_1 + 7I_1 + 4I_1 = 12I_1$$

回路 2 中的电流 I_2 也流经回路 1 的一部分,即从 A 到 B 的分支,对应的电压降为 $4I_2$;同样,回路 3 中的电流 I_3 也流经回路 1 的一部分,即从 B 到 C 的分支,对应的电压降为 $7I_3$。然而,回路 1 中的电流在 AB 段的方向与回路 2 中选定的方向相反,回路 1 中的电流在 BC 段的方向与回路 3 中选定的方向相反,因此回路 1 所有电压降的代数和为 $12I_1 - 4I_2 - 7I_3$。由于

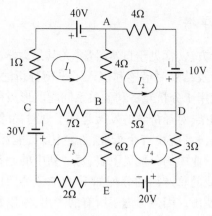

图 3-3-3

回路 1 中电源电压为 40V，由希尔霍夫定律可得

回路 1 的方程为

$$12I_1 - 4I_2 - 7I_3 = 40$$

同理，

回路 2 的电路方程为 $-4I_1 + 13I_2 - 5I_4 = -10$；

回路 3 的电路方程为 $-7I_1 + 15I_3 - 6I_4 = 30$；

回路 4 的电路方程为 $-5I_2 - 6I_3 + 14I_4 = 20$。

于是，回路电流所满足的线性方程组为

$$\begin{cases} 12I_1 - 4I_2 - 7I_3 = 40 \\ -4I_1 + 13I_2 - 5I_4 = -10 \\ -7I_1 + 15I_3 - 6I_4 = 30 \\ -5I_2 - 6I_3 + 14I_4 = 20 \end{cases}$$

如下求解：

输入：

[w,x,y,z] = solve('12*w-4*x-7*y=40','-4*w+13*x-5*z=-10','-7*w+15*y-6*z=30','-5*x-6*y+14*z=20')

输出：

```
w =
119910/10487
x =
61240/10487
y =
110640/10487
z =
84270/10487
```

即 $I_1 \approx 11.43$ (A)，$I_2 \approx 5.84$ (A)，$I_3 \approx 10.55$ (A)，$I_4 \approx 8.04$ (A)，其中的电流方向均如图 3-3-3 所示。

3.3.3 经济系统的平衡

平衡现象的概念和分析方法,常见于自然科学(尤其是力学),而经济学在研究人受利益驱动力的作用下的各种行为及结果时借鉴和引入了平衡分析法,由此发展成为经济分析的基本方法,将其集中、系统地用于分析经济利益关系问题所形成的一般均衡理论是现代经济学大厦的理论基石和主体构架,对经济学的发展起到了划时代的重要作用。

例 3.3.3 假设一个经济系统由三个行业:五金化工、能源(如燃料、电力等)、机械组成,每个行业的产出在各个行业中的分配见下表,每一列中的元素表示占该行业总产出的比例。以第二列为例,能源行业的总产出的分配如下:80%分配到五金化工行业,10%分配到机械行业,余下的供本行业使用。因为考虑了所有的产出,所以每一列的小数加起来必须等于1。把五金化工、能源、机械行业每年总产出的价格(即货币价值)分别用 p_1,p_2,p_3 表示。试求出使得每个行业的投入与产出都相等的平衡价格。

解 从表3-3-1中可以看出,沿列表示每个行业的产出分配到何处,沿行表示每个行业所需的投入。例如,第1行说明五金化工行业购买了80%的能源产出、40%的机械产出以及20%的本行业产出,由于三个行业的总产出价格分别是 p_1,p_2,p_3,因此五金化工行业必须分别向三个行业支付 $0.2p_1,0.8p_2,0.4p_3$ 元。五金化工行业的总支出为 $0.2p_1+0.8p_2+0.4p_3$。为了使五金化工行业的收入 p_1 等于它的支出,因此希望

$$p_1 = 0.2p_1 + 0.8p_2 + 0.4p_3$$

表3-3-1 经济系统的平衡

产出分配			购买者
五金化工	能源	机械	
0.2	0.8	0.4	五金化工
0.3	0.1	0.4	能源
0.5	0.1	0.2	机械

采用类似的方法处理表3-1中第2、3行,同上式一起构成齐次线性方程组

$$\begin{cases} p_1 = 0.2p_1 + 0.8p_2 + 0.4p_3 \\ p_2 = 0.3p_1 + 0.1p_2 + 0.4p_3 \\ p_3 = 0.5p_1 + 0.1p_2 + 0.2p_3 \end{cases}$$

即

$$\begin{cases} -0.8p_1 + 0.8p_2 + 0.4p_3 = 0 \\ 0.3p_1 - 0.9p_2 + 0.4p_3 = 0 \\ 0.5p_1 + 0.1p_2 - 0.8p_3 = 0 \end{cases}$$

如下求解:

输入:

[x,y,z] = solve('-0.8*x+0.8*y+0.4*z=0','0.3*x-0.9*y+0.4*z=0','0.5*x+0.1*y-0.8*z=0')

输出:

```
x =
1.416666666666666666666666666667 * z1
y =
0.916666666666666666666666666667 * z1
z =
z1
```

该方程组的通解为

$$\begin{cases} p_1 \approx 1.417c \\ p_2 \approx 0.917c \\ p_3 = c \end{cases}$$

此即经济系统的平衡价格向量,每个 p_3 的非负取值都确定一个平衡价格的取值。例如,我们取 p_3 为 1.000 亿元,则 $p_1 \approx 1.417$ 亿元,$p_2 \approx 0.917$ 亿元。即如果五金化工行业产出价格为 1.417 亿元,则能源行业产出价格为 0.917 亿元,机械行业的产出价格为 1.000 亿元,那么每个行业的收入和支出相等。

列昂惕夫的"交换模型":假设一个国家的经济分为很多行业,例如制造业、通信业、娱乐业和服务行业等。我们知道每个部门一年的总产出,并准确了解其产出如何在经济的其他部门之间分配或"交易"。把一个部门产出的总货币价值称为该产出的价格(price)。列昂惕夫证明了如下结论:

存在赋给各部门总产出的平衡价格,使得每个部门的投入与产出都相等。

3.3.4 配平化学方程式

化学方程式表示化学反应中消耗和产生的物质的量。配平化学反应方程式就是必须找出一组数使得方程式左右两端的各类原子的总数对应相等。一个系统的方法就是建立能够描述反应过程中每种原子数目的向量方程,然后找出该方程组的最简的正整数解。下面我们利用此思路来配平化学反应方程式。

例 3.3.4 配平下面化学方程式

$$x_1 \text{KMnO}_4 + x_2 \text{MnSO}_4 + x_3 \text{H}_2\text{O} \rightarrow x_4 \text{MnO}_2 + x_5 \text{K}_2\text{SO}_4 + x_6 \text{H}_2\text{SO}_4$$

其中 $x_1, x_2, \cdots, x_6$ 均取正整数。

解 上述化学反应式中包含 5 种不同的原子(钾、锰、氧、硫、氢),每种化合物的一个分子中包含 5 种不同原子数目构成如下(列矩阵)向量:

$$\text{KMnO}_4: \begin{bmatrix} 1 \\ 1 \\ 4 \\ 0 \\ 0 \end{bmatrix}, \text{MnSO}_4: \begin{bmatrix} 0 \\ 1 \\ 4 \\ 1 \\ 0 \end{bmatrix}, \text{H}_2\text{O}: \begin{bmatrix} 0 \\ 0 \\ 1 \\ 0 \\ 2 \end{bmatrix}, \text{MnO}_2: \begin{bmatrix} 0 \\ 1 \\ 2 \\ 0 \\ 0 \end{bmatrix}, \text{K}_2\text{SO}_4: \begin{bmatrix} 2 \\ 0 \\ 4 \\ 1 \\ 0 \end{bmatrix}, \text{H}_2\text{SO}_4: \begin{bmatrix} 0 \\ 0 \\ 4 \\ 1 \\ 2 \end{bmatrix}$$

其中,每一个向量的各个分量依次表示反应的化合物每个分子和生成的化合物每个分子中钾、锰、氧、硫、氢的原子数目。为了配平化学方程式,系数 $x_1, x_2, \cdots, x_6$ 必须满足线性方程组

$$\begin{cases} x_1 + 0x_2 + 0x_3 = 0x_4 + 2x_5 + 0x_6 \\ x_1 + x_2 + 0x_3 = x_4 + 0x_5 + 0x_6 \\ 4x_1 + 4x_2 + x_3 = 2x_4 + 4x_5 + 4x_6 \\ 0x_1 + x_2 + 0x_3 = 0x_4 + x_5 + x_6 \\ 0x_1 + 0x_2 + 2x_3 = 0x_4 + 0x_5 + 2x_6 \end{cases}$$

即

$$\begin{cases} x_1 - 2x_5 = 0 \\ x_1 + x_2 - x_4 = 0 \\ 4x_1 + 4x_2 + x_3 - 2x_4 - 4x_5 - 4x_6 = 0 \\ x_2 - x_5 - x_6 = 0 \\ 2x_3 - 2x_6 = 0 \end{cases}$$

求解该齐次线性方程组。

输入：

[u,v,w,x,y,z] = solve('u-2*y=0','u+v-x=0','4*u+4*v+w-2*x-4*y-4*z=0','v-y-z=0','w-z=0','0*u+0*v+0*w=0')

输出：
u =
z1
v =
(3*z1)/2
w =
z1
x =
(5*z1)/2
y =
z1/2
z =
z1

考虑 $x_1, x_2, \cdots, x_6$ 须取正整数,故可得通解
$x_1 = 2c, x_2 = 3c, x_3 = 2c, x_4 = 5c, x_5 = c, x_6 = 2c$（$c$ 取正整数）。

由于化学方程式通常取最简的正整数,因此在通解中取 $c=1$ 即得配平后的化学方程式：

$$2KMnO_4 + 3MnSO_4 + 2H_2O \rightarrow 5MnO_2 + K_2SO_4 + 2H_2SO_4$$

习 题 3

一、填空题

1. 设 $A = \begin{bmatrix} 1 & 1 & 1 \\ 1 & 2 & 1 \\ 2 & 3 & \lambda+1 \end{bmatrix}$ 的秩为2,则 $\lambda = $ _____。

2. 线性方程组 $AX=B$ 有解的充要条件是_____。若 $AX=B$ 有无穷多个解则 $AX=0$ 有_____。若 $AX=B$ 有唯一解,则 $AX=0$ 有_____。

3. 线性方程组 $\begin{cases} 4x+y+2z=0 \\ x+z=0 \\ 6x+y+4z=0 \end{cases}$ 的通解为_____。

4. 已知非齐次线性方程组 $AX=B$ 的增广矩阵为 $\overline{A}=\begin{bmatrix} 2 & 3 & 4 & 1 \\ 1 & 0 & 3 & 5 \\ 0 & 0 & 0 & 4 \end{bmatrix}$,则该方程组解的个数为_____。

二、选择题

1. 与矩阵 $A=\begin{bmatrix} 1 & 2 & 3 \\ 2 & 1 & 8 \\ 0 & 0 & 1 \end{bmatrix}$ 同秩的矩阵是( )。

(A) $[4\ 5\ 6]$ (B) $\begin{bmatrix} 1 & 2 & 3 \\ 4 & 5 & 6 \end{bmatrix}$ (C) $\begin{bmatrix} 1 & 2 & 1 \\ 1 & 0 & -1 \\ 0 & 1 & 0 \end{bmatrix}$ (D) $\begin{bmatrix} 1 & 2 & 2 \\ 1 & 0 & 1 \\ 4 & 0 & 2 \end{bmatrix}$

2. 设 A 是 $m\times n$ 矩阵,则下列结论正确的是( )。
(A) 若 $AX=0$ 仅有零解,则 $AX=B$ 有唯一解。
(B) 若 $AX=0$ 有非零解,则 $AX=B$ 有无穷多解。
(C) 若 $AX=B$ 有无穷多解,则 $AX=0$ 有非零解。
(D) 若 $AX=0$ 有无穷多解,则 $AX=B$ 有非零解。

3. 非齐次线性方程组 $AX=B$ 中未知量的个数为 n,方程的个数为 m,系数矩阵的秩为 r,则( )。
(A) $r=m$ 时, $AX=B$ 有唯一解。
(B) $r=n$ 时, $AX=B$ 有唯一解。
(C) $n=m$ 时, $AX=B$ 有唯一解。
(D) $r=m<n$ 时, $AX=B$ 有无穷多解。

4. 设矩阵 $A=\begin{bmatrix} 2 & -1 & 3 & 0 & 1 \\ 4 & -2 & 5 & 2 & 4 \\ 2 & -1 & 4 & -2 & -1 \end{bmatrix}$, $R(A)=r$,则方程组 $AX=0$ 的自由未知量个数为( )。

(A) $n-r=1$ (B) $n-r=2$ (C) $n-r=3$ (D) $n-r=4$

5. 若线性方程组 $\begin{cases} x_1+2x_2-x_3-2x_4=0 \\ 2x_1-x_2-x_3+x_4=1 \\ 3x_1+x_2-2x_3-x_4=\lambda \end{cases}$ 有解。则( )。

(A) $\lambda=2$ (B) $\lambda=-1$ (C) $\lambda=1$ (D) $\lambda=-2$

三、计算题

1. 下列矩阵的秩,并求其行简化阶梯型矩阵。

(1) $A = \begin{pmatrix} 1 & 2 & 3 & 4 \\ -1 & -1 & -4 & -2 \\ 3 & 4 & 11 & 8 \end{pmatrix}$
(2) $A = \begin{pmatrix} -1 & 3 & 0 & 1 \\ 4 & -1 & 1 & -2 \\ 2 & -2 & 0 & 0 \end{pmatrix}$

(3) $A = \begin{pmatrix} 3 & -1 & -4 & 2 & -2 \\ 1 & 0 & -1 & 1 & 0 \\ 1 & 2 & 1 & 3 & 4 \\ -1 & 4 & 3 & -3 & 0 \end{pmatrix}$
(4) $A = \begin{pmatrix} 1 & -2 & 3 & -4 & 4 \\ 0 & 1 & -1 & 1 & -3 \\ 1 & 3 & 0 & 1 & 1 \\ 0 & -7 & 3 & 1 & -3 \end{pmatrix}$

2. 求解线性方程组

(1) $\begin{cases} x_1 + x_2 - 2x_3 = -3 \\ 5x_1 - 2x_2 + 7x_3 = 22 \\ 2x_1 - 5x_2 + 4x_3 = 4 \end{cases}$
(2) $\begin{cases} 2x_1 + x_2 + 3x_3 = 6 \\ 3x_1 + 2x_2 + x_3 = 1 \\ 5x_1 + 3x_2 + 4x_3 = 27 \end{cases}$

(3) $\begin{cases} x_1 + x_2 + x_3 + x_4 = -7 \\ x_1 + 3x_3 - x_4 = 8 \\ x_1 + 2x_2 - x_3 + x_4 = -2 \\ 3x_1 + 3x_2 + 3x_3 + 2x_4 = -11 \end{cases}$
(4) $\begin{cases} 2x_1 + x_2 - x_3 + x_4 = 1 \\ x_1 + 2x_2 + x_3 - x_4 = 2 \\ x_1 + x_2 + 2x_3 + x_4 = 3 \end{cases}$

(5) $\begin{cases} x_1 + x_2 - 3x_4 - x_5 = 0 \\ x_1 - x_2 + 2x_3 - x_4 + x_5 = 0 \\ 4x_1 - 2x_2 + 6x_3 - 6x_4 - x_5 = 0 \\ 2x_1 + 4x_2 - 2x_3 - 8x_4 - 3x_5 = 0 \end{cases}$
(6) $\begin{cases} 3x_1 + x_2 - 6x_3 - 4x_4 + 2x_5 = 0 \\ 2x_1 + 2x_2 - 3x_3 - 5x_4 + 3x_5 = 0 \\ 3x_1 - 5x_2 - 6x_3 + 8x_4 - 6x_5 = 0 \end{cases}$

第二篇 概率与统计

本篇将要讲述概率论和数理统计的部分内容。第 4 章 ~ 第 6 章涉及概率论,第 7 章 ~ 第 10 章涉及数理统计。

第 4 章 随机事件及其概率

概率论是研究随机现象统计规律性的一门学科,是数学的一个分支。它已广泛地用于自然科学、社会科学、工程技术、军事、经济等各个领域。

4.1 随机事件

4.1.1 随机现象

随机现象是在一定条件下进行试验或观察会出现多于一种可能的试验结果,而且在每次试验或观察之前都无法预言会出现哪一个结果的现象。抛一枚硬币,可能出现正面朝上和反面朝上两种结果。掷一枚骰子,可能出现 1 点,2 点,……,6 点六种结果。观察一滴水里面含某种细菌的个数,可能出现 1 个,2 个,……多种结果。在对某个物体进行测量时会产生的误差值,误差值可能出现的结果会是取非负值的某个区间。这些都是随机现象。

人们早就发现结果不确定的随机现象中也有某种数量上的规律性。如多次掷一枚质量分布均匀的硬币,会发现正面朝上的频率(正面朝上的次数与掷硬币的次数的比)稳定在 $\frac{1}{2}$ 附近。多次测量同一个物体时,可以发现平均长度也会稳定在一个数值附近。这种规律称为统计规律。正是在用数学研究随机现象的统计规律性时产生了概率论。

4.1.2 随机事件

随机现象的统计规律性需要在对随机现象进行多次观察或实验才可发现。
对随机现象的观察或试验,称为**随机试验**(简称为**试验**)。
随机试验具有以下特点:
(1)(可重复性)可以在相同的条件下重复地进行;
(2)(不唯一与可知性)每次试验的可能结果不止一个,并且能事先明确试验的所有可能结果;

(3)（不确定性）每次试验之前不能预言哪一个结果会出现。

随机试验的结果称为随机事件(简称为事件)。在随机试验中,每一个可能出现的不能再分解的最简单的(不再包含其他结果的)实验结果称为**基本事件**或**样本点**,样本点常用小写的英文字母 $a,b,c,e,\cdots$ 或希腊字母 ω 等来表示。由全体样本点组成的集合称为**样本空间**,用 Ω 表示。在掷一枚骰子的试验中,如设 e_i 表示"出现 i 点",则 $e_i(i=1,2,3,4,5,6)$ 是这个试验的所有样本点,样本空间 $\Omega=\{e_1,e_2,\cdots,e_6\}$。设 $A=\{$出现奇数点$\}$,$B=\{$出现偶数点$\}$,则 A、B 当然也视为掷一枚骰子的试验的结果。但 A、B 是由若干样本点构成的,即 $A=\{e_1,e_3,e_5\}$,$B=\{e_2,e_4,e_6\}$。由若干样本点构成的集合称为**复合事件**。因此样本点的某个集合(样本点视为单点集)就是随机事件,即样本空间的子集就是随机事件。因此,用某个实验结果表示随机事件时,要加上表示集合时常使用的大括号。随机事件常用大写的英文字母 $A,B,C,D,\cdots$ 来表示。

概率论中自然地规定:某事件发生是指属于该事件的某个样本点在试验中出现。如掷一枚骰子的试验中出现了 3 点,可以说 $\{$出现 3 点$\}$ 这个事件发生,也可以说 $\{$出现奇数点$\}$ 这个事件发生,也可以说 $\{$出现素数点$\}$ 这个事件发生。把每次试验都发生的事件称为**必然事件**。由于在每次试验中出现的样本点都属于样本空间,故每次试验样本空间作为特殊的事件一定发生,因此样本空间 Ω 是必然事件。反过来,必然事件一定包含所有的样本点,即一定是样本空间 Ω。每次试验都不发生的事件称为**不可能事件**,并记为 ϕ。如掷一枚骰子的试验中 $\{$出现大于零的点$\}$ 就是必然事件,$\{$出现小于零的点$\}$ 就是不可能事件。

4.1.3 事件的关系与运算

1. 事件的关系

事件作为样本点的集合,它们之间的关系自然地作为事件的关系和运算,并用相同的方法表示,如 $A\subset B$ 和 $A=B$,前者称为事件 B 包含事件 A,后者称为事件 A 与事件 B 相等。对这些关系和运算除了了解其集合论的意义外,还应作出有利于研究随机现象的新的理解。不难证明,$A\subset B$ 当且仅当 A 发生必有 B 发生。$A=B$ 当且仅当 A、B 同时发生且同时不发生。

2. 事件的运算

两事件 A、B 作为样本点集合的并、交、补、差,称为事件的并、交、补、差,仍用相同的记号来表示。如 $A\cup B$(也称为事件 A 与事件 B 的和,常写成 $A+B$),$A\cap B$(也称为事件 A 与事件 B 的积,常写成 AB),$\bar{A}$(也称为 A 的对立事件),$A-B$。它们还是样本点的集合,因此也是事件。可以证明:

(1) $A\cup B=\{A、B$ 至少有一个发生$\}$;

(2) $A\cap B=\{A、B$ 同时发生$\}$;

(3) $\bar{A}=\{A$ 不发生$\}$;

(4) $A-B=\{A$ 发生但 B 不发生$\}$。

事件的和与积可推广到有限个事件和可列个事件。如:$A_1+A_2+\cdots+A_n=\sum_{i=1}^{n}A_i=\{A_1,A_2,\cdots,A_n$ 至少有一个发生$\}$;$A_1+A_2+\cdots+A_n\cdots=\sum_{i=1}^{\infty}A_i=\{A_1,A_2,\cdots,A_n\cdots$ 至少有一个发

生$\}$;$A_1A_2\cdots A_n = \prod_{i=1}^{n} A_i = \{A_1,A_2,\cdots,A_n$ 同时发生$\}$;$A_1A_2\cdots A_n\cdots = \prod_{i=1}^{\infty} A_i = \{A_1,A_2,\cdots,A_n\cdots$ 同时发生$\}$。

事件的运算法则就是作为集合的运算法则,常见的有:
(1) $A+B = B+A, AB = BA$;
(2) $(A+B)+C = A+(B+C), (AB)C = A(BC)$;
(3) $(A+B)C = AB+AC, A+(BC) = (A+B)(A+C)$;
(4) $\overline{A+B} = \overline{A}\overline{B}, \overline{AB} = \overline{A}+\overline{B}$;
(5) $A+A = A, AA = A$;
(6) $A+\varphi = A, A\varphi = \varphi, A+\Omega = \Omega, A\Omega = A$;
(7) $\overline{\overline{A}} = A$;
(8) $A-B = A\overline{B}$。

4.1.4 互不相容的事件和完备事件组

(1) 若 $AB = \varnothing$,称事件 A 与 B **互不相容**(或称互斥)。互不相容的事件同时发生是不可能的,因为互不相容的事件没有公共的样本点。显然,基本事件之间是互不相容的。

(2) 若事件 $A_1,A_2,\cdots,A_n$ 是两两互不相容的事件,并且 $A_1+A_2+\cdots+A_n = \Omega$,则称 $A_1, A_2,\cdots,A_n$ 是一个**完备事件组**。完备事件组的概念也可以推广到可列个事件。

例 4.1.1 从一批产品中每次取出一个产品进行检验(每次取出的产品不放回),事件 A_i 表示第 i 次取到合格品($i = 1,2,3$),试用事件的运算符号表示下列事件。

① 三次都取到了合格品;② 三次中至少有一次取到合格品;③ 三次中恰有两次取到合格品;④ 三次中最多有一次取到合格品。

解 ①三次都取到了合格品:$A_1A_2A_3$;②三次中至少有一次取到合格品:$A_1+A_2+A_3$;③三次中恰有两次取到合格品:$A_1A_2\overline{A_3} + A_1\overline{A_2}A_3 + \overline{A_1}A_2A_3$;④三次中最多有一次取到合格品:$\overline{A_1}\overline{A_2} + \overline{A_1}\overline{A_3} + \overline{A_2}\overline{A_3}$。

注意:
(1) 样本空间是多样化的。有的样本空间的样本点仅有有限个,有的样本点有可数多个,还有的样本点则有无限不可数个。

(2) 一个随机试验的样本点是与试验目的有关的。掷一枚骰子如为观察出现的点数,则样本点就有 6 个,如为观察出现奇数点还是偶数点,则可认为只有两个样本点。

4.2 随机事件的概率

随机事件在一次试验中是否发生是不确定的,这种情况称为随机事件的发生具有随机性。有的随机事件发生的可能性大,有的随机事件发生的可能性小。如在 100 次同样的试验中,事件甲发生 80 次,事件乙发生 10 次,这当然说明在一次试验中事件甲发生的可能性大。用来刻画随机事件发生可能性大小的数量指标称为随机事件的概率。概率是随机事件固有的属性。在概率论的发展过程中人们曾经用了不同的方法来定义概率。常见的定义方法有统计概率、古典概率和几何概率。它们有各自适用的范围,又各有局限性,这种情况曾长期存在。后来人们在总结归纳了这些概率的共性后抽象出了公理化的概率定义,推动了概率论的发展。

4.2.1 概率的公理化定义

设 Ω 是一试验的样本空间,P 是所有事件构成的集合(即 Ω 的所有子集构成的集合)到实数集合的一个函数,且满足以下三条公理:

[公理1] (非负性)对任何事件 A,有 $P(A) \geq 0$。

[公理2] (正规性)$P(\Omega) = 1$。

[公理3] (可列可加性)对于任何两两互不相容的事件 $A_1, A_2, \cdots, A_n, \cdots$,有

$$P\left(\sum_{i=1}^{\infty} A_i\right) = \sum_{i=1}^{\infty} P(A_i)$$

则称 P 为 **Ω 上的概率**,称 $P(A)$ 是**事件 A 的概率**。

上面给出的就是公理化意义下的概率的定义。由定义可见,所谓概率实际上是所有事件构成的集合到实数集合的一个满足三条公理的函数。那么在同一个样本空间上可能定义不同的概率,其中有些不能刻画事件发生的可能性,是不恰当的。但这并不妨碍我们对恰当概率的研究。而恰当概率应该与统计概率相吻合,因为统计概率在描述随机变量发生的可能性这一属性上是令人信服的,且上述结论还可以严格地加以证明。至于如何得到恰当概率则是数理统计讨论的内容。

由概率公理化定义中的三条公理可推出概率的如下性质:

(1) $P(\emptyset) = 0$

(2) (有限可加性)对于有限个两两互不相容的事件 $A_1, A_2, \cdots, A_n$ 有

$$P\left(\sum_{i=1}^{n} A_i\right) = \sum_{i=1}^{n} P(A_i)$$

(3) 对任意事件 A,有

$$P(\overline{A}) = 1 - P(A)$$

(4) 设 A, B 为两个事件,若 $A \supset B$,则 $P(A - B) = P(A) - P(B)$,即 $P(A) \geq P(B)$。

(5) 对任意事件 A,有 $P(A) \leq 1$

(6) 对任意两个事件 A, B,有

$$P(A + B) = P(A) + P(B) - P(AB)$$

上式称为**概率的加法公式**。可将其推广到三个事件的情况:

对任意三个事件 A, B, C,有

$$P(A + B + C) = P(A) + P(B) + P(C) - P(AB) - P(AC) - P(BC) + P(ABC)$$

容易说明,下面提到的统计概率、古典概率、几何概率都是所有事件构成的集合到实数集合的满足公理化概率定义中的三条公理的函数。

4.2.2 统计概率

在 n 次重复的试验中,若事件 A 发生了 m 次,则 $\dfrac{m}{n}$ 称为事件 A 发生的频率,记作 $f_n(A)$。

当试验的次数 n 很大时,事件的频率具有一种稳定性。表 4-2-1 显示了几位著名数学家做过的多次抛硬币试验得到的数据。可以看出,当试验的次数 n 很大时,{出现正面}的频率具有一种稳定性。

表 4-2-1

试验者	抛掷次数 n	正面出现次数 m	正面出现频率 m/n
德·摩尔根	2048	1061	0.518
蒲丰	4040	2048	0.5069
皮尔逊	12000	6019	0.5016
皮尔逊	24000	12012	0.5005
维尼	30000	14994	0.4998

在不变的条件下,重复进行 n 次试验,事件 A 的频率稳定地在某一常数 P 附近摆动,称常数 P 为事件 A **的统计概率**,记作 $P(A)$。在实用中由于常数 P 难于确定,故常用 n 很大时的频率 $\dfrac{m}{n}$ 来代替。

频率随着试验次数的增大会稳定在统计概率的附近这一结论不仅仅是由观察得出来的,事实上在概率论中可以严格地加以证明,并被称为**大数定律**。由大数定律可知一个小概率的事件在多次试验中发生的次数都很少,那么有理由认为一个**小概率事件在一次试验中是不发生的**。这一结论成为概率统计中的基本原则。

4.2.3 古典概率

满足以下特点的试验称为古典概型试验:
(1) 有限性:样本空间是有限集(即样本点只有有限个);
(2) 等可能性:试验中每个样本点发生的可能性是相同的。

在古典概型试验中,事件 A 的概率 $P(A)$ 定义为 $P(A) = \dfrac{m}{n}$,其中 m 为事件 A 包含的样本点的个数, n 为样本空间 Ω 包含的样本点的个数。称这样定义的概率为事件 A **的古典概率**。

例 4.2.1 同时投掷两颗骰子,求两颗骰子点数之和等于 9 的概率。

解 设 $A = \{$两颗骰子点数之和等于 $9\}$

样本空间 $\Omega = \{(1,1),(1,2),\cdots,(1,6),(2,1),(2,2),\cdots,(2,6)\cdots(6,1),(6,2),\cdots,(6,6)\}$, Ω 包含样本点的个数 $n = 36$。事件 $A = \{(3,6),(4,5),(5,4),(6,3)\}$,事件 A 包含样本点的个数 $m = 4$,因此

$$P(A) = \frac{m}{n} = \frac{4}{36} = \frac{1}{9}$$

例 4.2.2 袋内有 5 个白球, 3 个黑球。从中任取两个球,计算取出两个都是白球的概率。

解 设 $A = \{$取出两个都是白球$\}$

组成样本空间 Ω 的样本点总数 $n = C_{5+3}^2$,组成事件 A 样本点总数 $m = C_5^2$

$$P(A) = \frac{m}{n} = \frac{C_5^2}{C_8^2} = \frac{5}{14} \approx 0.357$$

例 4.2.3 一批产品共 200 个,有 6 个废品,求:
(1) 这批产品的废品率(废品率是任取一个产品为废品的概率);
(2) 任取 3 个恰有一个是废品的概率;
(3) 任取 3 个全是正品的概率。

解 (1) 设 $A = \{$任取一个产品为废品$\}$,则

$$P(A) = \frac{6}{200} = 0.03$$

(2) 设 $B = \{$任取 3 个恰有一个是废品$\}$,则

$$P(B) = \frac{C_6^1 C_{194}^2}{C_{200}^3} \approx 0.0855$$

(3) 设 $C = \{$任取 3 个全是正品$\}$,则

$$P(C) = \frac{C_{194}^3}{C_{200}^3} \approx 0.9122$$

例 4.2.4 两封信随机地向标号为 Ⅰ、Ⅱ、Ⅲ、Ⅳ 的 4 个邮筒投寄,求第二个邮筒恰好被投入 1 封信的概率。

解 设事件 $A = \{$第二个信筒只投入 1 封信$\}$。两封信随机地投入 4 个信筒,共有 4^2 种等可能的投法,而组成事件 A 的不同投法有 $C_2^1 C_3^1$ 种。于是

$$P(A) = \frac{m}{n} = \frac{C_2^1 C_3^1}{4^2} = \frac{3}{8}$$

同样,如设 $B = \{$前两个邮筒中各有一封信$\}$

$$P(B) = \frac{m}{n} = \frac{C_2^1}{4^2} = \frac{1}{8}$$

例 4.2.5 计算例 4.2.3 中任取 3 个产品最多只有 1 个废品的概率 $P(D)$。

解 设事件 $A = \{3$ 个产品中有 0 个废品$\}$,$B = \{3$ 个产品中有 1 个废品$\}$,则依题意 $D = A + B$ 且 A 与 B 互不相容。试验的基本事件总数为 C_{200}^3 个,而 D 含样本点数恰好是 A 与 B 的样本点数之和,因此

$$P(D) = P(A) + P(B) = \frac{C_{194}^3}{C_{200}^3} + \frac{C_{194}^2 C_6^1}{C_{200}^3}$$

例 4.2.6 一个袋内装有大小相同的 7 个球,4 个是白球,3 个是黑球。从中一次抽取 3 个,计算至少有两个是白球的概率。

解 设事件 A_i 表示抽到的 3 个球中有 i 个白球($i = 1, 2, 3$),显然 A_2 与 A_3 互不相容,有

$$P(A_2 + A_3) = P(A_2) + P(A_3) = \frac{C_4^2 C_3^1}{C_7^3} + \frac{C_4^3}{C_7^3} = \frac{18}{35} + \frac{4}{35} = \frac{22}{35}$$

例 4.2.7 50 个产品中有 46 个合格品与 4 个废品,从中一次抽取 3 个,求其中有废品的概率。

解 设事件 A = {3 个中有废品},则 $\bar{A}$ = {3 个都是合格品},

$$P(\bar{A}) = \frac{C_{46}^3}{C_{50}^3} = \frac{759}{980} \approx 0.7745$$

$$P(A) = 1 - P(\bar{A}) \approx 0.2255$$

4.2.4 几何概率

若样本空间 Ω 是一个有界区域,以 $L(\Omega)$ 表示 Ω 的 m 维体积(一维体积是长度,二维体积是面积,三维体积是普通的体积)。样本点在 Ω 中均匀分布,即 Ω 的任何子区域中的样本点出现的可能性仅与该子区域的 m 维体积成正比,与该子区域在 Ω 中的位置及形状无关。事件 A 的概率 $P(A)$ 定义为 $P(A) = \frac{L(A)}{L(\Omega)}$,其中 $L(A)$ 为 A 的 m 维体积。称这样定义的概率为事件 A 的**几何概率**。

例 4.2.8 一个形状为旋转体的均匀陀螺的圆周上均匀地刻上区间 $[0,3]$ 上的诸数字。旋转这个陀螺,求当它停下时,它的圆周接触桌面的刻度在区间 $\left[\frac{1}{2}, 2\right]$ 上的概率。

解 设 A = {陀螺停下时,它的圆周接触桌面的刻度在区间 $\left[\frac{1}{2}, 2\right]$ 上}

依题意样本点布满整个圆周。由于陀螺结构上的对称性、均匀性,可以认为样本点在圆周上均匀分布。由几何概率(用 $L(I)$ 表示有限区间的长度)

$$P(A) = \frac{L\left(\left[\frac{1}{2}, 2\right]\right)}{L([0,3])} = \frac{2 - \frac{1}{2}}{3 - 0} = \frac{1}{2}$$

例 4.2.9 (约会问题)甲、乙二人相约某天下午 6 点到 7 点之间在电影院门口会面,先到者等候另一人 15 分钟,过时就离去,求两人能会面的概率。

解 设 A = {两人能会面},则用 x, y 表示甲、乙二人到达电影院门口的时间,(x, y) 可作为样本点。x, y 均可取 6 点到 7 点一小时内的任一时刻,用分钟表示即 $0 \le x \le 60, 0 \le y \le 60$。这样,样本点可布满平面中边长为 60 的一个矩形 Ω,即 $\Omega = \{(x, y) \mid 0 \le x \le 60, 0 \le y \le 60\}$。而且可认为样本点在该矩形区域 Ω 上均匀分布。而 A 中样本点满足的条件是 $|x - y| \le 15$,这样的样本点构成矩形区域中有阴影的区域图 4-2-1,即 $A = \{(x, y) \mid |x - y| \le 15\}$。由几何概率有

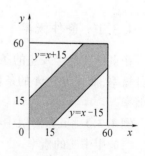

图 4-2-1

$$P(A) = \frac{60^2 - 45^2}{60^2} = \frac{7}{16}$$

例 4.2.10 (蒲丰投针问题)平面上画有两条距离为 a 的平行线,向此平面上投一长度为 $l(l < a)$ 的针,求此针与平行线相交的概率。

解 设 A = {针与平行线相交},用 x 表示针的中点 M

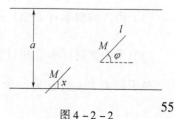

图 4-2-2

到最近的一条平行线的距离，φ 表示针与平行线的交角如图 4-2-2 所示。

由题意可用 (x,φ) 做样本点。由于 $0 \leq x \leq \dfrac{a}{2}$，$0 \leq \varphi \leq \pi$，样本点可布满平面中一矩形区域 Ω，$\Omega = \{(x,\varphi) \mid 0 \leq x \leq \dfrac{a}{2}, 0 \leq \varphi \leq \pi\}$（如图 4-2-3 所示）。

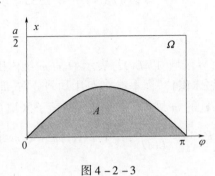

图 4-2-3

A 中样本点则应满足 $0 \leq x \leq \dfrac{l}{2}\sin\varphi$，$0 \leq \varphi \leq \pi$，即

$$A = \{(x,\varphi) \mid 0 \leq x \leq \dfrac{l}{2}\sin\varphi, 0 \leq \varphi \leq \pi\}$$

由几何概率

$$P(A) = \dfrac{\int_0^\pi \dfrac{l}{2}\sin\varphi \, \mathrm{d}\varphi}{\dfrac{a}{2}\pi} = \dfrac{2l}{a\pi}$$

4.3 条件概率与乘法法则

4.3.1 条件概率

在事件 A 已经发生的条件下，事件 B 发生的概率，称为已知事件 A 发生，事件 B 发生的条件概率，简称 B 对 A 的条件概率，记作 $P(B|A)$（$P(A) > 0$）。相应地，把 $P(B)$ 称为无条件概率。

例 4.3.1 五张彩票中有两张是有奖彩票，甲先从中抽取一张后乙抽取一张，求

(1) 甲中奖的概率；

(2) 甲中奖后乙中奖的概率。

解 该题第一问中的概率就是无条件概率，第二问中的概率就是条件概率。

设 $A = \{甲中奖\}$，$B = \{乙中奖\}$。

(1) 由古典概率有 $P(A) = \dfrac{2}{5}$；

(2) 甲中奖后样本空间只含四个样本点，其中有一个是有奖彩票，故 $P(B|A) = \dfrac{1}{4}$。

对于例 4.3.1 可从另一个角度来分析，将彩票编上号，1,2 为有奖彩票，3,4,5 为无奖

彩票。

样本点为

(1,2),(2,1),(3,1),(4,1)(5,1);

(1,3),(2,3),(3,2),(4,2)(5,2);

(1,4),(2,4),(3,4),(4,3)(5,3);

(1,5),(2,5),(3,5),(4,4)(5,4)。

$P(A) = \frac{8}{20} = \frac{2}{5}$；$P(B|A) = \frac{2}{8} = \frac{1}{4}$；另外，$P(B|A) = \frac{\frac{2}{20}}{\frac{8}{20}} = \frac{P(AB)}{P(A)}$。

受此启发,通常条件概率定义为

当 $P(A) > 0$ 时，记 $P(B|A) = \frac{P(AB)}{P(A)}$，并称 $P(B|A)$ 为在事件 A 发生的条件下 B 发生的条件概率。

容易证明：条件概率公式也是满足概率定义的三个公理的：

（1）对任意的事件 $B \subset \Omega$，有，$0 \leq P(B|A)$；

（2）$P(\Omega|A) = 1$；

（3）对于任何两两互不相容的事件 $B_1, B_2, \cdots, B_n, \cdots$，有

$$P\left(\left(\sum_{i=1}^{\infty} B_i\right) | A\right) = \sum_{i=1}^{\infty} P(B_i|A)$$

因此，$P(\cdot|A)$ 也是 Ω 上的概率。因此，$P(\cdot|A)$ 也满足有三条公理推导出来的所有性质，如 $P(\emptyset|A) = 0, P(\overline{C}|A) = 1 - P(C|A), P(C+B|A) = P(C|A) + P(B|A) - P(CB|A)$ 等。

例 4.3.2 袋中有 12 个球,其中有 7 只黑球,5 只白球。从中不放回地先后取二球。求

（1）第一次取出的是黑球的概率；

（2）已知第一次取出的是黑球，第二次取出的是白球的概率。

解 将两次抽取视为一次随机试验，球视为不同的，其样本点可看成从 7 个不同的元素中取两个元素的排列。设 $A = \{$第一次取出的是黑球$\}$；$B = \{$第二次取出的是白球$\}$。则有

（1）$P(A) = \frac{P_7^1 P_{11}^1}{P_{12}^2} = \frac{7 \times 11}{12 \times 11} = \frac{7}{12}$；

（2）$P(B|A) = \frac{P(AB)}{P(A)} = \frac{P_7^1 P_5^1 / P_{12}^2}{7/12} = \frac{7 \times 5/12 \times 11}{7/12} = \frac{5}{11}$。

此例说明：

（1）求 $P(A)$ 时其值与第二次抽取的结果无关，其值与抽取一次是黑球的概率相同；

（2）求 $P(B|A)$ 时，可将第一次抽取一只黑球后，再抽取第二次视为一次新的随机试验。此时，袋中有 11 个球，其中有 5 个白球，抽取一只是白球的概率是 $\frac{5}{11}$。

例 4.3.3 市场上供应的灯泡中,甲厂占 70%,乙厂占 30%,甲厂产品的合格率是 95%，乙厂产品的合格率是 80%。若设事件 $A = \{$任取一个产品是甲厂的产品$\}$，$\overline{A} = \{$任取一个产品是乙厂的产品$\}$，$B = \{$所取的产品为合格品$\}$，试写出 $P(A)$、$P(\overline{A})$、$P(B|A)$、$P(B|\overline{A})$、P

($\bar{B}|A$)和$P(\bar{B}|\bar{A})$(所谓合格率就是从一批产品中抽取一个产品,这个产品是合格品的概率)。

解 $P(A) = 70\%$　　$P(\bar{A}) = 30\%$

$P(B|A) = 95\%$　　$P(B|\bar{A}) = 80\%$

$P(\bar{B}|A) = 5\%$　　$P(\bar{B}|\bar{A}) = 20\%$

4.3.2 乘法法则

设 A、B 为两个事件,则当 $P(A) > 0$ 时,$P(AB) = P(A)P(B|A)$;当 $P(B) > 0$ 时, $P(AB) = P(B)P(A|B)$。对于 n 个事件 $A_1, A_2, \cdots, A_n$,当 $P(A_1 A_2 \cdots A_{n-1}) \neq 0$ 时,则有

$$P(A_1 A_2 \cdots A_n) = P(A_1)P(A_2|A_1)P(A_3|A_1 A_2)\cdots P(A_n|A_1 A_2 \cdots A_{n-1})$$

这一公式被称为事件的**乘法法则**

例4.3.4 求例4.3.3中从市场上买到一个灯泡是由甲厂生产的合格灯泡的概率。

解 设 $A = \{$买到一个灯泡是由甲厂生产的$\}$,$B = \{$买到一个灯泡是合格的$\}$

$$P(AB) = P(A)P(B|A) = 0.7 \times 0.95 = 0.665$$

同样方法还可以计算出买到一个灯泡是由乙厂生产的合格灯泡的概率是0.24。

例4.3.5 10个考签中有4个难签,3人参加抽签(不放回),甲先,乙次,丙最后。求甲抽到难签,甲乙都抽到难签,甲没抽到难签而乙抽到难签,甲乙丙都抽到难签的概率。

解 设事件 A、B、C 分别表示甲、乙、丙各抽到难签,由 $P(A) = \dfrac{m}{n} = \dfrac{4}{10}$

$$P(AB) = P(A)P(B|A) = \frac{4}{10} \times \frac{3}{9} = \frac{12}{90} \approx 0.1333$$

$$P(\bar{A}B) = P(\bar{A})P(B|\bar{A}) = \frac{6}{10} \times \frac{4}{9} = \frac{24}{90} \approx 0.2667$$

$$P(ABC) = P(A)P(B|A)P(C|AB) = \frac{4}{10} \times \frac{3}{9} \times \frac{2}{8} = \frac{24}{720} \approx 0.0333$$

4.3.3 全概率定理与贝叶斯定理

例4.3.6 计算本节例4.3.3中市场上灯泡的合格率。

解 由 $B = AB + \bar{A}B$,并且 AB 与 $\bar{A}B$ 互不相容,则

$$P(B) = P(AB + \bar{A}B) = P(AB) + P(\bar{A}B)$$
$$= P(A)P(B|A) + P(\bar{A})P(B|\bar{A}) = 0.905$$

进一步可以计算买到的合格品是甲厂生产的概率 $P(A|B)$:

$$P(A|B) = \frac{P(AB)}{P(B)} = \frac{P(A)P(B|A)}{P(A)P(B|A) + P(\bar{A})P(B|\bar{A})} \approx 0.735$$

前面的公式称为**全概率公式**,而后面的公式为**贝叶斯公式**,一般的则有:

(1)(全概率定理)如果事件 $A_1, A_2, \cdots, A_n, \cdots$ 构成一个完备事件组,并且都具有正概率,

则对任何一个事件 B 有

$$P(B) = \sum_i P(A_i)P(B|A_i)$$

(2)（贝叶斯定理）如果事件 $A_1, A_2, \cdots A_n, \cdots$ 构成一个完备事件组，并且都具有正概率，则对任何一个不为零概率的事件 B，有

$$P(A_m|B) = \frac{P(A_m)P(B|A_m)}{\sum_i P(A_i)P(B|A_i)} \quad (m = 1, 2, \cdots)$$

例 4.3.7 12 个乒乓球都是新的，每次比赛时取出 3 个用完后放回去，求第三次比赛时取到的 3 个球都是新球的概率。

解 设事件 B_i, C_i 分别表示第二、第三次比赛时取到 i 个新球 $(i = 0,1,2,3)$。B_0, B_1, B_2, B_3 构成一个完备事件组，有

$$P(B_i) = \frac{C_9^i C_3^{3-i}}{C_{12}^3} \quad (i = 0,1,2,3)$$

$$P(C_3|B_i) = \frac{C_{9-i}^3}{C_{12}^3} \quad (i = 0,1,2,3)$$

$$P(C_3) = \sum_{i=0}^3 P(B_i)P(C_3|B_i) = \sum_{i=0}^3 \frac{C_9^i C_3^{3-i}}{C_{12}^3} \frac{C_{9-i}^3}{C_{12}^3} \approx 0.146$$

例 4.3.8 假定某工厂甲、乙、丙 3 个车间生产同一种螺钉，产量依次占全厂的 45%、35%、20%。如果各车间的次品率依次为 4%、2%、5%。现在从待出厂产品中检查出 1 个次品，试判断它是由甲车间生产的概率。

解 设事件 B 表示"产品为次品"，A_1, A_2, A_3 分别表示"产品为甲、乙、丙车间生产的"。显然 A_1, A_2, A_3 构成一个完备事件组。有

$$P(A_1) = 45\% \quad P(A_2) = 35\% \quad P(A_3) = 20\%$$
$$P(B|A_1) = 4\% \quad P(B|A_2) = 2\% \quad P(B|A_3) = 5\%$$

于是，有

$$P(A_1|B) = \frac{P(A_1)P(B|A_1)}{\sum_{i=1}^3 P(A_i)P(B|A_i)} = \frac{45\% \times 4\%}{45\% \times 4\% + 35\% \times 2\% + 20\% \times 5\%} \approx 0.514$$

应用全概率公式的一个有趣的例子是对敏感问题的真实回答。如果我们提出这样一个问题："你吸毒吗？"恐怕得不到正确的答案。对此，有另一种做法是列出如下两个问题：其中一个问题是无关紧要的。比如问①你吸毒吗？②你的手机号码的末尾数是偶数吗？然后要求被提问者投抛一个硬币，出现正面要求正确回答①，出现反面要求正确回答②。这时提问者并不知道被提问者回答的是哪一个问题，这个信息是保密的。从得到的答案里可作如下估计推算吸毒的人所占的真正比例。事实上，设 A 表示吸大麻，B 表示手机号码的末尾数是偶数，D 表示回答"是"，C 表示抛硬币出现正面。由全概率公式

$$P(D) = P(C)P(D|C) + P(\bar{C})P(D|\bar{C}) = \frac{1}{2}P(D|C) + \frac{1}{2}P(D|\bar{C})$$

式中 $P(D)$ 可以用回答"是"的人在被调查者中的比例(统计概率)来估计,$P(D|\bar{C})$ 其实就是 $P(B)$,可容易地从手机号末尾数是偶数的人在人群中的比例(统计概率)来估计。而 $P(D|C)$ 正是人群中吸毒者占的比例,可得出

$$P(D|C) = 2P(D) - P(D|\bar{C})$$

另一个是使用贝叶斯公式的例子。

例 4.3.9 用甲胎蛋白(AFP)检测是肝癌早期发现及早期诊断的主要手段。由过去资料可知:人群中患有肝癌的人的比例为 0.0004,在患有肝癌的人中用甲胎蛋白检测呈阳性的比例是 0.95,在未患有肝癌的人中用甲胎蛋白检测呈阳性的比例是 0.1。问在甲胎蛋白检测呈阳性时患有肝癌的可能性是多少?

解 设 $C=\{$被检者患有肝癌$\}$,$A=\{$甲胎蛋白检测呈阳性$\}$。

依题意所求概率为 $P(C|A)$,由贝叶斯公式有

$$P(C|A) = \frac{P(C)P(A|C)}{P(C)P(A|C)+P(\bar{C})P(A|\bar{C})} = \frac{0.0004 \times 0.95}{0.0004 \times 0.95 + 0.9996 \times 0.1} = 0.0038$$

这就是说,经甲胎蛋白检测呈阳性的人群中,其中真正患肝癌的人还是很少的。因此,即使检验出是阳性,也不必惊慌失措。

4.4 事件的独立性与试验的独立性

4.4.1 事件的独立性

若事件 A、B 满足 $P(A|B)=P(A)$ ($P(B|A)=P(B)$),则称事件 $A(B)$ 对于事件 $B(A)$ 独立。此时,说明 $B(A)$ 的发生对于 $A(B)$ 发生的概率没有影响。若 $P(A|B)=P(A)$ 且 $P(B|A)=P(B)$,则称 A 与 B 相互独立。A 与 B 相互独立时,有 $P(AB)=P(A)P(B)$。反之,若当 $P(A)>0$ 且 $P(B)>0$,且 $P(AB)=P(A)P(B)$ 时,则 A 与 B 相互独立。因此,除去极小概率的情况(即 $P(A)=0$ 或 $P(B)=0$),A 与 B 相互独立与 $P(AB)=P(A)P(B)$ 是一回事情。正因为这样,人们索性定义:若 $P(AB)=P(A)P(B)$,则称 A 与 B 相互独立。

容易证明:若 A 与 B 相互独立,则 A 与 $\bar{B}$,$\bar{A}$ 与 B,$\bar{A}$ 与 $\bar{B}$ 都相互独立。

相互独立的概念还被推广到 n 个事件的相互独立。

若 n 个事件 $A_1, A_2, \cdots, A_n$ 满足:

$$P(A_i A_j) = P(A_i) P(A_j) \quad (1 \leq i < j \leq n)$$

$$\cdots\cdots$$

$$P(A_1 A_2 \cdots A_n) = P(A_1) P(A_2) \cdots P(A_n)$$

则称 $A_1, A_2, \cdots, A_n$ 相互独立。

当 $A_1, A_2, \cdots, A_n$ 相互独立时,一般地有任何有限个事件同时发生,对其他有限个事件同时发生的概率没有影响。此外,类似两个事件相互独立的情况,有:

若 $A_1, A_2, \cdots, A_n$ 相互独立,则 $A_1', A_2', \cdots, A_n'$ 也相互独立,这里 A_i' 可取 A_i 或 $\bar{A}_i$ ($i=1, 2, \cdots, n$)。

由此易知:若事件 $A_1, A_2, \cdots A_n$ 相互独立,则有

$$P(\sum_{i=1}^{n} A_i) = 1 - \prod_{i=1}^{n} P(\overline{A_i})$$

例 4.4.1 甲、乙、丙 3 部机床独立工作,由一个工人照管,某段时间内它们不需要工人照管的概率分别为 0.9、0.8 及 0.85。求在这段时间内有机床需要工人照管的概率以及机床因无人照管而停工的概率。

解 用事件 A、B、C 分别表示在这段时间内机床甲、乙、丙不需要工人照管。A、B、C 相互独立,并且 $P(A) = 0.9, P(B) = 0.8, P(C) = 0.85$。

有机床需要工人照管即至少有一部机床需要工人照管的概率:

$$P(\overline{ABC}) = 1 - P(ABC) = 1 - P(A)P(B)P(C) = 1 - 0.612 = 0.388$$

机床因无人照管而停工的概率:

$$P(\overline{A}\overline{B} + \overline{B}\overline{C} + \overline{A}\overline{C}) = P(\overline{A}\overline{B}) + P(\overline{B}\overline{C}) + P(\overline{A}\overline{C}) - 2P(\overline{A}\overline{B}\overline{C})$$
$$= 0.1 \times 0.2 + 0.2 \times 0.15 + 0.1 \times 0.1 - 2 \times 0.1 \times 0.2 \times 0.15 = 0.059$$

当至少有两部机床需要工人照管时,就会停工,因为一个工人一次只能照管一部机床。

例 4.4.2 若例 4.4.1 的 3 部机床性能相同,设 $P(A) = P(B) = P(C) = 0.8$,求这段时间内恰有一部机床需要工人照管的概率。

解 3 部机床中有 1 部机床需要照管而另两部不需要照管的概率是 $0.2 \times 0.8 \times 0.8 = 0.128$。而"3 部机床中有 1 部需人照管"用事件 E 表示,$E = \overline{A}BC + A\overline{B}C + AB\overline{C}$ 需要照管的机床可以是 3 部中的任意 1 部,因此共有 3 种可能,即

$$P(E) = P(\overline{A}BC + A\overline{B}C + AB\overline{C}) = 3 \times 0.2 \times 0.8 \times 0.8 = 0.384$$

例 4.4.3 如图 4-3-1 所示,开关电路中 A、B、C、D 开或关的概率都是 0.5,且各开关是否关闭互相独立。求灯亮的概率以及若已见灯亮,开关 A 与 B 同时关闭的概率。

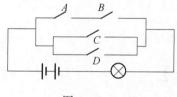

图 4-4-1

解 令事件 A、B、C、D 分别表示开关 A、B、C、D 关闭,E 表示灯亮。
$P(E) = P(AB + C + D) = P(AB) + P(C) + P(D) - P(ABC) - P(ABD) - P(CD) + P(ABCD)$
$\quad = P(A)P(B) + P(C) + P(D) - P(A)P(B)P(C) - P(A)P(B)P(D) -$
$\quad\quad P(C)P(D) + P(A)P(B)P(C)P(D) = 0.8125$
$\quad P(AB \mid E) = P(ABE)/P(E)$

而 $AB \subset E$,故 $ABE = AB$。因此

$$P(AB \mid E) = P(AB)/P(E) = 0.25/0.8125 \approx 0.3077$$

4.4.2 n重贝努利试验

在同样条件下重复进行 n 次某试验 E，若任何一次试验中各结果发生的可能性都不受其他各次结果发生情况的影响，则称这 n 次试验为 n **次重复独立试验**（简称为 n **重独立试验**）。

只有两个结果的试验称为**贝努利试验**。对贝努利试验，常把每一次试验中出现的两个事件一个记作 A，另一个记作 $\bar{A}$，如 $P(A)=p$，那么 $P(\bar{A})=1-p$。

抛一枚硬币的试验，在仅装有两种颜色球的袋子里摸一球的试验等都是贝努利试验。其实对任意一个试验当试验者只关心两个对立的事件时，该试验都可认为是贝努利试验。

试验 E 是贝努利试验的 n 重独立试验称为 n **重贝努利试验**。

抛同一枚硬币 n 次、在仅装有两种颜色球的袋子里有放回地摸 n 次球的试验都是 n 重贝努利试验。

对一个 n 重贝努利试验，常常需要计算事件 A 恰好发生 $k(0 \leq k \leq n)$ 次的概率 $P_n(k)$。对此有如下结论：

$$P_n(k) = C_n^k p^k (1-p)^{n-k}, k = 0,1,2,\cdots,n$$

由二项式定理知

$$\sum_{k=0}^{n} C_n^k p^k (1-p)^{n-k} = (p+1-p) = 1$$

例4.4.4 一批产品的废品率为 0.1，每次抽取 1 个，观察后放回去，下次再取 1 个，共重复 3 次，求 3 次中恰有两次取到废品的概率。

解 设 $A = \{3$ 次中恰有两次取到废品$\}$

$$P(A) = C_3^2 (0.1)^2 0.9 = 3 \times (0.1 \times 0.1 \times 0.9) = 3 \times 0.009 = 0.027$$

例4.4.5 一条自动生产线上产品的一级品率为 0.6，现在检查了 10 件，求至少有两件一级品的概率。

解 设 $B = \{$至少有两件一级品$\}$，则

$$\begin{aligned}
P(B) &= \sum_{k=2}^{10} p_{10}(k) = 1 - p_{10}(0) - p_{10}(1) \\
&= 1 - C_{10}^0 0.6^0 0.4^{10} - C_{10}^1 \times 0.6 \times 0.4^9 \\
&= 1 - 0.4^{10} - 10 \times 0.6 \times 0.4^9 \\
&\approx 0.998
\end{aligned}$$

上二例可用 Matlab 计算：

输入：

```
p=binopdf(2,3,0.1)
```

输出：

```
p =
0.0270
```

即

$$P(A) = C_3^2(0.1)^2 0.9 = 0.0270$$

输入:

```
q = binocdf(1,10,0.6)
p = 1 - q
```

输出:

q =

0.0017

p =

0.9983

即

$$P(B) = \sum_{k=2}^{10} p_{10}(k) = 0.9983$$

习 题 4

一、填空题

1. 指出下列事件的包含关系

    (1) $G = \{$击中飞机$\}$,$H = \{$击落飞机$\}$,则 G _____ H。

    (2) $C = \{$某产品的长度合格$\}$,$D = \{$某产品合格$\}$,则 C _____ D。

2. $A = \{$三件产品中至少有一件次品$\}$,$B = \{$三件产品都是正品$\}$,则 $A \cap B =$ _____,$A \cup B =$ _____。

3. 甲、乙、丙 3 人各射击一次靶,记 A 表示"甲中靶",B 表示"乙中靶",C 表示"丙中靶",则可用上述 3 个事件的运算分别表示:"3 人中至多有一人中靶" _____,"3 人中至少有一人中靶" _____。

4. 袋中有红、黄、白球各一个,每次任取一个,有放回地抽取 3 次。求下列事件的概率。

    (1) $A = \{3$ 个都是红的$\}$,则 $P(A) =$ _____;

    (2) $B = \{3$ 个都是黄的$\}$,则 $P(B) =$ _____;

    (3) $C = \{3$ 个都是白的$\}$,则 $P(C) =$ _____;

    (4) $D = \{3$ 个颜色都相同$\}$,则 $P(D) =$ _____;

    (5) $E = \{3$ 个颜色全不同$\}$,则 $P(E) =$ _____;

    (6) $F = \{3$ 个颜色不全同$\}$,则 $P(F) =$ _____;

    (7) $G = \{3$ 个都不是红的$\}$,则 $P(G) =$ _____。

5. (1) 对于任意随机事件 A、B,有 $P(A) + P(\overline{A}) =$ _____,$P(A + B) =$ _____,$P(AB) = P(A) \cdot$ _____,在 n 重贝努利试验中,$P(A) = p$,那么 $P\{A$ 发生 k 次$\} = C_n^k \cdot$ _____。

6. 甲、乙两人射击,击中目标概率分别为 0.8 和 0.7。两人同时射击,假定中靶与否是独立的,则

    (1) 两人都中靶的概率 = _____;

    (2) 甲中乙不中的概率 = _____;

(3) 乙中甲不中的概率 = _____；

(4) 至少有一人中靶的概率 = _____。

7. 在10件产品中，有6件正品，4件次品。甲从中任取1件(不放回)后，乙再从中任取1件，记 $A = \{甲取得正品\}$, $B = \{乙取得正品\}$, $P(A) = $ _____, $P(B|A) = $ _____, $P(B|\bar{A}) = $ _____。

8. 一种零件的加工由两道工序组成，第一道工序的废品率为 p，第二道工序的废品率为 q，则该零件加工的正品率为 _____。

9. 甲、乙两人独立地对同一目标射击1次，其命中率分别为0.5和0.4，现已知目标被击中，则它是乙射中的概率为 _____。

10. 设三次独立试验中，事件 A 出现的概率相等，若已知 A 至少出现一次的概率为 $\frac{19}{27}$，则在一次试验中事件 A 出现的概率为 _____。

二、选择题

1. 如果事件 A 和 B 有 $A \supset B$，则下述结论正确的是( )。
   (A) A 与 B 必同时发生　　　　(B) A 发生，B 必发生
   (C) A 不发生，B 必不发生　　(D) B 不发生，A 必不发生

2. 掷两枚均匀硬币，出现"一正一反"的概率是( )。
   (A) $\frac{1}{3}$　　　　(B) $\frac{1}{2}$　　　　(C) $\frac{1}{4}$　　　　(D) $\frac{3}{4}$

3. 以 A 表示事件"甲种产品畅销，乙种产品滞销"，则对立事件为( )。
   (A) "甲种产品滞销，乙种产品畅销"
   (B) "甲、乙两种产品均畅销"
   (C) "甲种产品滞销"
   (D) "甲种产品滞销或乙种产品畅销"

4. 从一副扑克牌的52张中任意抽取两张，都是黑桃的概率是( )。
   (A) $\frac{1}{13}$　　　　(B) $\frac{1}{17}$　　　　(C) $\frac{3}{26}$　　　　(D) $\frac{1}{26}$

5. 设 A、B 是两个相互独立的事件，则下面说法正确的是( )。
   (A) A、B 互斥　　　　　　(B) $P(A+B) = P(A) + P(B)$
   (C) $\bar{A}$、$\bar{B}$ 互斥　　　　　　(D) $P(AB) = P(A)P(B)$

6. 设 A、B 为任意两个事件，$A \subset B$，$P(B) > 0$，则有( )。
   (A) $P(A) < P(A|B)$　　　　(B) $P(A) \leq P(A|B)$
   (C) $P(A) > P(A|B)$　　　　(D) $P(A) \geq P(A|B)$

7. 如果 $P(A) + P(B) > 1$，则事件 A 与 B 必定( )。
   (A) 独立　　　(B) 不独立　　　(C) 相容　　　(D) 不相容

三、计算题

1. 某人进行一次射箭(10环靶)试验，观察其命中环数，写出样本空间 Ω，并指出 $A = \{至少命中8环\}$ 所含的样本点。

2. 进行连续4次抛掷硬币试验，求样本空间 Ω 中样本点个数，并求 $A = \{恰有2正2

反$\}$,$B=\{$至少有3次正面向上$\}$所含的样本点。

3. 一个工人生产了3个零件,以事件A_i表示生产的第i个零件是合格品$(i=1,2,3)$,试用

$A_i(i=1,2,3)$表示下列事件:

(1) 只有第1个零件是合格品;

(2) 3个零件中只有1个零件是合格品;

(3) 第1个零件是合格品,但后2个零件中至少有1个是次品;

(4) 3个零件中最多只有2个是合格品;

(5) 3个零件都是次品。

4. 从1~100这100个自然数中任取1个数,设$A=\{$取到的数能被5整除$\}$,$B=\{$取到的数小于50$\}$,$C=\{$取到的数大于30$\}$。问AB,ABC,$B+C$,$(A+C)B$,$B-C$各表示什么事件?

5. 在10件同类产品中,有6件一等品,4件二等品。现从中取4件,求下列事件的概率。

(1) $A=\{$四件产品全是一等品$\}$;

(2) $B=\{$四件产品中有1件二等品$\}$;

(3) $C=\{$四件产品中二等品数不超过1$\}$。

6. 有10张卡片,分别写有0,1,2,…,9,从这10张卡片中任取2张,求下列事件的概率。

(1) $A=\{$两个数都是奇数$\}$;

(2) $B=\{$两个数的和是偶数$\}$;

(3) $C=\{$两个数的积是偶数$\}$。

7. 甲、乙两人约定在下午1~2时之间到某站乘公共汽车,这段时间内有4班公共汽车,他们开车的时间分别为1:15、1:30、1:45、2:00。如果甲、乙约定见车就乘,求甲、乙同乘一车的概率。假定甲、乙两人到达车站的时刻是互相独立的,且每人到达车站的时刻在1~2时之间的分布是均匀的。

8. 甲、乙两人在同样条件下进行射击,击中目标的概率分别为0.9和0.8,两人同时击中目标的概率为0.72,求至少一人击中目标的概率和两人都未击中目标的概率。

9. 某种动物由出生算起活到20岁以上的概率为0.8,活到25岁以上的概率为0.4,如果现在有一只20岁的这种动物,问它能活到25岁以上的概率为多少?

10. 有一批同一型号的产品,已知其中由一厂生产的占25%,由二厂生产的占35%,由三厂生产的占40%,又知3个厂的产品的次品率分别为4%,2%,1%,求

(1) 从这批产品中任取一件是次品的概率;

(2) 抽取的一件是次品,该产品是一厂生产的概率。

11. 生产某零件要经过甲、乙两台机器加工,每台机器正常运转的概率是0.85,两台机器正常运转的概率是0.72,求两台机器中至少有一台正常运转的概率。

12. 制造一种零件可采用两种工艺,第一种工艺有三道工序。其废品率分别为0.1、0.2

0.3;第二种工艺有两道工序,其废品率都是 0.3。若采用第一种工艺,在合格品中一级品的概率为 0.9;而采用第二种工艺,在合格品中一级品的概率为 0.8,问采用哪种工艺能保证得到一级品的概率较大?

13. 已知某地区男女比例为 $1:1$,男女色盲的概率分别为 0.04、0.01,现随机挑选一人,求

(1) 该人是色盲的概率;

(2) 如果该人是色盲,该人是男性的概率。

14. 第1个盒子里有4只白球,5只黑球;第2个盒子里有5只白球,4只黑球。现从第1个盒子里取出两只球放入第2个盒子里,再从个第2个盒子里取出一球。

(1) 求该球是白球的概率。

(2) 已知取出的球是白球,求从第一个盒子里取出的两只球都是白球的概率。

15. 4人独立地解一道题,他们能解答出来的概率分别是 $\frac{1}{5}$、$\frac{1}{3}$、$\frac{1}{4}$、$\frac{1}{3}$。

求这道题能被解出的概率。

16. 3人命中率都是 0.8,他们各自独立地向同一目标射击,若命中目标的人数分别为 0、1、2、3,目标被毁中的概率分别为 0、0.2、0.5、0.8,求目标被击毁的概率。

第5章 随机变量及其分布

5.1 随机变量

称样本空间 Ω 到实数集 R 的一个函数 X 为一个**随机变量**。

随机变量是概率论中十分重要的一个概念。这是因为如果我们用随机变量的取值$\{X=a\}$表示其原像集,即令$\{X=a\}=\{\tilde{\omega}|X(\tilde{\omega})=a\}$,便可以将样本点或复杂事件用一个变量的取值(实数)来表示。通过这种方法将随机事件加以量化。这样,便利于运用数学形式描述、研究事件及其概率。如在抛一枚硬币的样本空间 $\Omega=\{\text{正},\text{反}\}$,做函数 $X:\Omega\rightarrow\mathbf{R}$,$X(\text{正})=1$,$X(\text{反})=0$。用$\{X=1\}$表示$\{\tilde{\omega}|X(\tilde{\omega})=1\}=\{\text{正}\}$,用$\{X=0\}$表示。这样,样本点被数量化为随机变量的取值。又如 n 重贝努利试验(视为一次试验)样本点是由 1 和 0 (每一次试验事件 A 发生用 1 表示,事件 $\overline{A}$ 发生用 0 表示)构成的 n 维向量($1\times n$ 矩阵),做函数 $X:\Omega\rightarrow R$,如样本点中恰有 i 个 1,则把该样本点对应到 i,$(i=0,1,2,\cdots,n)$。$\{X=i\}=\{\omega|X(\omega)=i\}$就表示$\{$事件 A 发生 i 次$\}$这一事件$(i=0,1,2,\cdots,n)$,这里$\{X=i\}(i=0,1,2,\cdots,n)$是一个完备事件组。这样,完备事件组被数量化为随机变量的取值。

随机变量的取值表示随机事件,那么随机变量的取值集合当然也表示随机事件。如:$\{X\leqslant 2\}$表示事件$\{\omega|X(\omega)\leqslant 2\}$,$\{-2\leqslant X<3\}$表示事件$\{\omega|-2<X(\omega)<3\}$等。

下面,一般情况下都用随机变量的取值集合表示随机事件了。容易说明,随机变量不同的取值表示的事件是互不相容的;一个随机变量所有取值构成的集合表示样本空间 Ω。如$\{X<+\infty\}$、$\{-\infty<X\}$和$\{-\infty<X<+\infty\}$都表示样本空间 Ω。

如果样本空间 Ω 上有一概率,随机变量的取值集合也就自动有了概率。如 $P\{X\leqslant 2\}$,$P\{X=1\}$,$P\{-2\leqslant X<3\}$等。

随机变量概念的引入是概率论研究的重大转折,它突破了以静态观点研究随机现象的局限性,以动态的观点来研究随机现象,把对随机事件概率的研究转化为对随机变量取值概率及其规律性的研究,从而使概率论的研究进入了新的发展阶段。下面主要研究两类常见的随机变量。

5.2 离散型随机变量及其分布

如果随机变量 X 只取有限个或无限可数个值,而且以确定的概率对应这些不同的值,则称 X 为**离散型随机变量**。对于离散型随机变量不仅仅要知道它的可能取值,更重要的是要知道它取每一个值的概率。

5.2.1 概率分布

设离散型随机变量 X 可能取值为 $x_1,x_2,\cdots,x_k,\cdots$,$X$ 取各种可能值的概率为

$$P\{X = x_k\} = p_k \quad (k = 1,2,3,\cdots)$$

上式称为随机变量 X 的**概率函数**或**概率分布律**(简称为**分布律**)或**概率分布列**。

注意:定义中的写法也可以表示取有限个值的情况。

对于概率分布列 $\{p_k; i = 1,2,3,\cdots\}$,显然有:

(1) $p_k \geq 0, (k = 1,2,3,\cdots)$;

(2) $\sum_k p_k = 1$。实际上,$\sum_k p_k = \sum_k P\{X = x_k\} = P(\sum_k \{X = x_k\}) = P(\Omega) = 1$。

反过来,如果有一列数 $\{p_k; i = 1,2,3,\cdots\}$ 满足上述(1)和(2),则一定存在一个离散型随机变量 X,其概率分布列就是这一列数。

为了直观起见,常将离散型随机变量 X 可能取的值及相应的概率列成一个表见表 5-2-1:

表 5-2-1

X	x_1	x_2	$\cdots$	x_k	$\cdots$
P	p_1	p_2	$\cdots$	p_k	$\cdots$

上述表称为 X 的**概率分布表**。

例 5.2.1 产品有一、二、三等品及废品 4 种,其一、二、三等品率及废品率分别为 60%、10%、20%、10%,任取一个产品检验其质量,用随机变量 X 描述表示检验结果,写出 X 的概率分布律,并画出其概率函数图。

解 依题意 X 可以取 0,1,2,3 这 4 个可能值。"$X = k$"与产品为"k 等品"($k = 1,2,3$)相对应,"$X = 0$"与产品为"废品"相对应。概率分布律为

$$P\{X = 0\} = 0.1; P\{X = 1\} = 0.6; P\{X = 2\} = 0.1; P\{X = 3\} = 0.2$$

其概率分布表见表 5-2-2。

其概率函数图如 5-2-1。

表 5-2-2

X	0	1	2	3
P	0.1	0.6	0.1	0.2

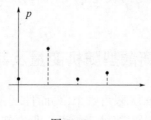

图 5-2-1

5.2.2 离散型随机变量常见的分布

1. 0-1 分布

称只取 0 和 1 两个值的随机变量 X 服从 **0 – 1 分布**，X 的概率分布律为

$$P\{X = k\} = p^k(1-p)^{1-k} \quad (k = 0,1; 0 \leqslant p \leqslant 1)$$

简记为 $X \sim B(1,p)$

在一个贝努利试验中，如果用 X 表示事件 A 发生的次数，则 X 服从 0 – 1 分布。

例 5.2.2 一批产品的废品率为 5%，从中任意抽取一个进行检验，用随机变量 X 表示废品的出现个数，写出 X 的概率分布表。

解 用 X 来表示抽取一个产品废品出现的个数，显然 X 只可能取 0 或 1。且

$$P\{X = 1\} = 5\% \quad P\{X = 0\} = 95\%$$

X 的概率分布见表 5 – 2 – 3。

表 5 – 2 – 3

X	0	1
P	0.95	0.05

也可以用一个统一的公式表示：

$$P\{X = k\} = (0.05)^k(0.95)^{1-k} \quad (k = 0,1)$$

2. 等可能分布

称只取有限个值，且取每个值的可能性均相同的随机变量 X 服从**等可能分布**。X 的概率分布律为

$$P(X = x_k) = \frac{1}{n} \quad k = 1,2,\cdots,n$$

概率函数图类似图 5 – 2 – 2。

在古典概率模型中，如果用 X 的取值表示可能出现的样本点，则 X 服从等可能分布。

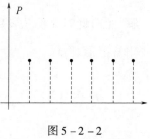

图 5 – 2 – 2

例 5.2.3 用随机变量描述一颗骰子的试验情况。

解 令 X 表示掷一颗骰子出现的点数，它可以取 1 至 6，相应概率都是 $\frac{1}{6}$。列成概率分布表见表 5 – 2 – 4。

表 5 – 2 – 4

X	1	2	3	4	5	6
P	$\frac{1}{6}$	$\frac{1}{6}$	$\frac{1}{6}$	$\frac{1}{6}$	$\frac{1}{6}$	$\frac{1}{6}$

3. 几何分布

若随机变量 X 取值是所有正整数，且 X 的概率函数为

$$P\{X = i\} = (1-p)^{i-1}p \quad (i = 1,2,3,\cdots)(0 \leqslant p \leqslant 1)$$

则称随机变量 X 服从**参数为 p 的几何分布**。

不难看出 $\sum_{i=1}^{\infty}(1-p)^{i-1}p = 1$ 事实上

$$\sum_{i=1}^{\infty}(1-p)^{i-1}p = \frac{p}{1-(1-p)} = 1$$

容易说明:在可数重贝努利试验中(一个贝努利试验重复地、独立地做可数多次),用 X 表示事件 A 首次发生时的试验次数,则 X 服从几何分布。

例 5.2.4 社会上定期发行某种奖券,中奖率为 p。某人每期买 1 张,如果没有中奖,下期再买 1 张,直至中奖为止。求该人购买次数 X 的概率分布律。

解 购买一次奖券,相当于一次贝努利试验,中奖意味着事件 A 发生。由题意,如果没有中奖就会一直购买下去,且各期奖券中奖与否是相互独立的,故这是一个可数重贝努利试验。"$X=i$"表示第 i 期购买的奖券首次中奖。因此,X 服从参数为 p 的几何分布,于是

$$P\{X = i\} = P(\overline{A}_1\overline{A}_2\cdots\overline{A}_{n-1}A_n) = (1-p)^{i-1}p, (i=1,2,\cdots)$$

其中 $\overline{A}_i$ 表示第 i 次购买的奖券没中奖,A_n 表示第 n 次购买的奖券中奖。

例 5.2.5 盒内有外形相同的 15 个灯泡,其中 10 个螺口的,5 个卡口的,灯口朝下放置,现在需要一个螺口灯泡,从盒内任取一个,用"$X=k$"表示第 k 次才首次取到了螺口灯泡。在以下两种情况下求 $P\{X=3\}$:

(1) 取到卡口灯泡就再放回去;
(2) 取到卡口灯泡就不再放回去。

解 (1) 此时 X 服从参数为 $\frac{5}{15}$ 的几何分布,$P\{X=3\} = \left(\frac{5}{15}\right)^2 \frac{10}{5} = 0.07407$。

用 Matlab 计算:

输入:

```
geopdf(2,2/3)    % 求参数为 2/3 的几何分布在点 2 处的概率函数值
```

输出:

```
ans =
0.0741
```

(2) 如果用 A_i 表示第 i 次取到卡口灯泡,$\overline{A}_i$ 表示第 i 次取到螺口灯泡($i=1,2,\cdots$),那么 $\{X=3\} = A_1A_2\overline{A}_3$。因此,

$$P\{X=3\} = P(A_1A_2\overline{A}_3) = P(A_1)P(A_2|A_1)P(\overline{A}_3|A_1A_2) = \frac{5}{15}\frac{4}{14}\frac{10}{13} = \frac{20}{273}$$

4. 二项分布

如果随机变量 X 概率分布律为

$$P\{X=k\} = C_n^k p^k q^{n-k} \quad (k=0,1,2,\cdots,n; 0<p<1; q=1-p)$$

则称 X 服从参数为 n,p 的二项分布,简记作 $X \sim B(n,p)$。

在这里 $P\{X=k\} = C_n^k p^k q^{n-k} \geq 0$;$C_n^k p^k q^{n-k}$ 恰好是二项式 $(q+p)^n$ 展开式中第 $k+1$ 项,

$$\sum_{k=0}^{n} C_n^k p^k q^{n-k} = (q+p)^n = 1$$

若 X 表示 n 重贝努利试验中事件 A 发生的次数,而在一次试验中 A 发生的概率为 p,则

由第 4 章 4.4 节可知 X 服从**参数为 n,p 的二项分布**。

例 5.2.6 某工厂每天用水量保持正常的概率为 $3/4$,求最近 6 天内用水正常的天数的分布。

解 设最近 6 天内用水正常的天数为 X,则 $X \sim B(6,3/4)$。

用 Matlab 计算:

输入:

```
x=[0:6]
binopdf(x,6,3/4)
```

输出:

```
ans =
0.0002    0.0044    0.0330    0.1318    0.2966    0.3560    0.1780
```

即有

$$P\{X=0\} = \left(\frac{1}{4}\right)^6 = 0.0002$$

$$P\{X=1\} = C_6^1 \left(\frac{3}{4}\right)\left(\frac{1}{4}\right)^5 = 0.0044$$

$$\cdots$$

$$P\{X=6\} = \left(\frac{3}{4}\right)^6 = 0.1780$$

概率分布见表 5-2-3。

表 5-2-3 概率分布表

X	0	1	2	3	4	5	6
P	0.0002	0.0044	0.0330	0.1318	0.2966	0.3560	0.1780

例 5.2.7 10 部机器各自独立工作,因修理调整等原因,每部机器停车的概率为 0.2。求同时停车数目小于 3 的概率和大于等于 3 的概率。

解 设 X 为同时停车数目,则 X 服从参数 $n=10, p=0.2$ 的二项式分布,

$$P\{X<3\} = C_{10}^0 0.2^0 0.8^{10} + C_{10}^1 0.2^1 0.8^9 + C_{10}^2 0.2^2 0.8^8$$

用 Matlab 计算:

输入:

```
binocdf(2,10,0.2)
```

输出:

```
ans =
0.6778
```

因此,$P\{X<3\} = 0.6778$

又 $\qquad P\{X \geqslant 3\} = 1 - 0.6778 = 0.3222$

例 5.2.8 一批产品的废品率 $p=0.03$,进行 20 次重复抽样(每次抽一个,观察后放回去再抽下一个),求出现废品的频率为 0.1 的概率和最可能出现的废品数及出现的概率。

解 令 X 表示 20 次重复抽取中废品出现的次数,它服从二项式分布。

$$P\left(\frac{X}{20} = 0.1\right) = P(X = 2) = C_{20}^2 0.1^2 0.9^{18}$$

用 Matlab 计算：

输入：

```
binopdf(2,20,0.1)
```

输出：

```
ans =
0.2852
```

输入：

```
y=binopdf([0:20],20,0.03);    % 参数为20,0.03的二项式分布的全部概率函数值
[p,x]=max(y)                  % 求二项式分布最可能取值及其概率
```

输出：

```
p =
0.5438
x =
1
```

因此，最可能出现的废品数是 1 件，出现 1 件废品的概率是 0.5438。

5. 泊松分布

如果随机变量 X 的分布律是

$$P_\lambda(k) = P(X = k) = \frac{\lambda^k}{k!}e^{-\lambda} \quad (k = 0,1,2,\cdots) \quad (\lambda > 0)$$

则称 X 服从**参数为 λ 泊松(Poisson)分布**，简记为 $X \sim P_\lambda$。

利用级数 $\sum\limits_{k=1}^{\infty} \frac{x^k}{k!} = e^x$，易知 $\sum\limits_{m=0}^{\infty} P_\lambda(k) = 1$。

泊松分布本来是为了对二项式分布做近似计算人为构造出来的，但后来发现在现实生活中服从或近似服从泊松分布的随机变量很常见。如一段时间内，电话用户对电话台的呼换次数、候车的旅客数、原子放射粒子数、织机上断头的次数，以及零件铸造表面上一定大小的面积内沙眼的个数等。

例 5.2.9 X 服从泊松(Poisson)分布，$\lambda = 5$，求 $P\{X=2\}$，$P\{X=5\}$，$P\{X=20\}$。

解 用 Matlab 计算：

输入：

```
x=[2,5,20];
poisspdf(x,5)    % 计算参数为5的泊松分布在x处的概率。
```

输出：

```
x =
   2    5    20
ans =
0.0842    0.1755    0.0000
```

即有

$$P_5(2) = \frac{5^2}{2!}e^{-5} = 0.0842 \quad P_5(5) = \frac{5^5}{5!}e^{-5} = 0.1755 \quad P_5(20) = \frac{5^{20}}{20!}e^{-5} \approx 0$$

可以证明:若 $X \sim B(n,p)$,且 n 比较大,p 很小,可用泊松分布近似代替二项分布计算概率,泊松分布的参数 $\lambda = np$。

6. 超几何分布

如果随机变量 X 的分布律是

$$P\{X = m\} = \frac{C_M^m C_{N-M}^{n-m}}{C_N^n} \quad (m = 0,1,2,\cdots,l; l = \min(M,n))$$

则称 X 服从**超几何分布**。

显然 $P\{X = m\} = \frac{C_M^m C_{N-M}^{n-m}}{C_N^n} \geq 0$;利用组合的性质 $\sum_{k=0}^{n} C_{N_1}^k C_{N_2}^{n-k} = C_{N_1+N_2}^n$

可以验证

$$\sum_{m=0}^{l} P\{X = m\} = 1$$

设 N 个元素分为两类,有 M 个属于第一类,$N-M$ 个属于第二类。从中不放回地抽取 n 个,令 X 表示这 n 个中第一(或第二)类元素的个数,则 X 就服从超几何分布。

例 5.2.10 某班有学生 20 名,其中 5 名女生,今从班上选 4 名学生去参观展览,被选到的女同学数 X 是一个随机变量,求 X 的分布律。

解 X 可以取 0,1,2,3,4 这 5 个值,用 Matlab 计算:

输入:

```
x = [0,1,2,3,4];
P = hygepdf(x,20,5,4)
```

输出:

```
P =
0.2817    0.4696    0.2167    0.0310    0.0010
```

P = hygecdf(x,M,K,N):命令函数中参数的意义表述为:总共 M 件产品,次品 K 件,抽取 N 件检查,计算其中恰好有 x 件次品的概率。

可以证明:若当 $N \to \infty$ 时,有 $M \to \infty$,$N - M \to \infty$,$\frac{M}{N}$ 的极限值存在且不为 0,则当 N 很大时,超几何分布概率 $P\{X = m\} = \frac{C_M^m C_{N-M}^{n-m}}{C_N^n}$ 近似于二项式分布概率 $C_N^m p^m (1-p)^{n-m}$,其中 $p = \frac{M}{N}$。

例 5.2.11 一大批种子的发芽率为 99%,从中任取 100 粒,求播种后恰有 1 粒种子不能发芽的概率。

解 若设 N 是麦粒的总数,M 表示不能够发芽的麦粒数,且 X 表示取出的 100 粒种子中不能发芽的种子数,则 X 服从超几何分布。根据题意可用二项式分布近似计算,其参数为 $n = 100, p = 1\%$。再因为 n 很大(一般超过 50 则可认为很大),p 很小,又可用泊松分布近似计算,其参数 $\lambda = np = 1$。

$$P\{X = 1\} = \frac{1}{1!}e^{-1}$$

用 Matlab 计算:

输入：
```
poisspdf(1,1)
```
输出：
```
ans =
0.3679
```
因此，$P\{X=1\} = 0.3679$。

5.3 连续型随机变量的分布

离散型随机变量 X 的每一个可能值是可以一一列举出来的，而且对每一个值都可以计算出它的概率。但在大多数情况下，随机变量的取值可以落在某一区间内的任何一点，因此它们的取值不能一一列出来。例如，射击时弹着点与靶心的距离、显像管的使用寿命、乘客在车站候车的时间等都是如此。所以需要考察这类随机变量及其在某区间内取值的概率。

5.3.1 连续型随机变量和概率密度函数

设 X 为一随机变量，如果存在一个非负可积函数 $f(x)$ ($-\infty < x < +\infty$)，使对任意实数 $a,b(a<b)$，都有

$$P\{a < X \leq b\} = \int_a^b f(x)\,\mathrm{d}x$$

则称 X 为**连续型随机变量**。称 $f(x)$ 为 X 的**概率密度函数**（简称为 X 的**密度**），记 $X \sim f(x)$。

注意：这里 a、b 是广义实数，即 a 可取 $-\infty$，b 可取 $+\infty$。于是也有

$$P(-\infty < X \leq b) = P\{X \leq b\} = \int_{-\infty}^b f(x)\,\mathrm{d}x,$$

$$P\{a < X < +\infty\} = P(a < X) = \int_a^{+\infty} f(x)\,\mathrm{d}x,$$

$$P(-\infty < X < +\infty) = \int_{-\infty}^{+\infty} f(x)\,\mathrm{d}x$$

由积分微元法可知 $f(x)\mathrm{d}x$ 表示随机变量 X 在点 x 附近的概率。若记 $f(x) = \dfrac{f(x)\mathrm{d}x}{\mathrm{d}x}$，则 $f(x)$ 可以理解为在点 x 处微小区间上的平均概率，或概率的密度。

密度 $f(x)$ 满足以下两条性质：

(1) $f(x) \geq 0$ 对任何 x；

(2) $\int_{-\infty}^{+\infty} f(x)\,\mathrm{d}x = 1$。

反过来，如果一个函数 $f(x)$ 满足上述两个性质，则它一定是某个连续性随机变量的概率密度函数。

与离散型随机变量不同，连续型随机变量 X 取一确定值的概率为 0，即 $P\{X=a\}=0$。这是因为 $f(x)$ 是可积函数，一定是有界函数，即存在 $M>0$，对任意有定义的 x 都有 $f(x) \leq M$ 成立。而且对于任意正整数 n，$0 \leq P(X=a) \leq P\left(a - \dfrac{1}{n} < X \leq a\right) = \int_{a-\frac{1}{n}}^a f(x)\,\mathrm{d}x \leq M\dfrac{1}{n}$。

当 $n \to \infty$ 时，$M\dfrac{1}{n} \to 0$。

这样 $P(X=a)$ 只能等于 0。因此，在计算连续型随机变量落在某区间的概率时，可以不分开区间还是闭区间，即

$$P\{a < X \leqslant b\} = P(\{a < X < b\} + \{X = b\}) = P\{a < X < b\} + P\{X = b\} = P\{a < X < b\}$$

类似地，

$$P\{a < X < b\} = P\{a \leqslant X < b\} = P\{a \leqslant X \leqslant b\}$$

由此，还可以知道概率为 1 的事件不一定是必然事件，概率为 0 的事件也不一定是不可能事件。

此外随机变量的分布密度是不唯一的，若 $f(x)$ 是 X 的分布密度，则与 $f(x)$ 几乎处处相等的函数 $g(x)$ 都是 X 的分布密度。（所谓几乎处处相等简单说就是使两个函数不相等的自变量的取值集合的长度为 0，因为密度的作用是通过积分表现出来的，而几乎处处相等的函数在任何区间上的积分都相等。）

例 5.3.1 设随机变量 X 具有概率密度函数

$$f(x) = \begin{cases} A\mathrm{e}^{-2x} & x \geqslant 0 \\ 0 & x < 0 \end{cases}$$

（1）试确定常数 A；
（2）求 $P(-3 < X \leqslant 3)$。

解 （1）因为 $1 = \displaystyle\int_{-\infty}^{+\infty} f(x)\mathrm{d}x = \int_0^{+\infty} A\mathrm{e}^{-2x}\mathrm{d}x = A\int_0^{+\infty} \mathrm{e}^{-2x}\mathrm{d}x$

计算 $\displaystyle\int_0^{+\infty} \mathrm{e}^{-2x}\mathrm{d}x$

用 Matlab 计算：
输入：
```
syms x;
int(exp(-2*x),0,inf)
```
输出：
```
ans =
1/2
```
于是

$$1 = \frac{1}{2}A, A = 2$$

（2）求 $P(-3 < X \leqslant 3)$

$$P(-3 < X \leqslant 3) = P(-3 < X \leqslant 0) + P(0 < X \leqslant 3) = P(0 < X \leqslant 3)$$

用 Matlab 计算：
输入：
```
syms x;
int(2*exp(-2*x),0,3)
```
输出：

```
ans =
1 -1/exp(6)
```

即 $P(-3 < X \leq 3) = 1 - e^{-6}$

5.3.2 几个常用的连续型随机变量的概率密度

1. 均匀分布

若随机变量 X 的概率密度为

$$f(x) = \begin{cases} \dfrac{1}{b-a} & a \leq x \leq b \quad (a < b) \\ 0 & \text{其他} \end{cases}$$

则称 X 服从区间 $[a,b]$ 上均匀分布,记作 $X \sim U(a,b)$。

显然,如果 $X \sim U(a,b)$,则对任意满足 $a \leq c < d \leq b$ 的 c,d 有

$$P\{c < X \leq d\} = \int_c^d \frac{1}{b-a} dx = \frac{d-c}{b-a}。$$

这说明若 $X \sim U(a,b)$,则 X 取值落在 $[a,b]$ 的"子区间"的概率与"子区间"的长度成正比。

若样本空间 Ω 是直线上的有限区间 $[a,b]$,满足使用几何概率的条件,则取值表示样本点的随机变量 X 便服从区间 $[a,b]$ 上均匀分布。

2. 指数分布

如果随机变量 X 的概率密度为

$$f(x) = \begin{cases} \dfrac{1}{\lambda} e^{-\frac{1}{\lambda}x} & x > 0 \\ 0 & x \leq 0 \end{cases}$$

其中 $\lambda > 0$,则称 X 服从参数为 λ 的指数分布,记为 $X \sim E(\lambda)$。

易知 $\int_{-\infty}^{+\infty} f(x) dx = \int_0^{+\infty} \frac{1}{\lambda} e^{-\frac{1}{\lambda}x} dx = 1$。且对任何实数 $a,b(0 \leq a < b)$ 有

$$P\{a < X \leq b\} = \int_a^b \frac{1}{\lambda} e^{-\frac{1}{\lambda}x} dx = e^{-\frac{a}{\lambda}} - e^{-\frac{b}{\lambda}}$$

指数分布常用来作为各种"寿命"分布的近似.如随机服务系统中的服务时间、某些消耗性产品(电子元件等)的寿命等,都被假定服从指数分布。

例 5.3.2 一台仪器装有 3 只独立工作的相同的电子管,用 X 表示这种电子管的使用时间,则 X 服从参数为 $\lambda = 1000(h)$ 的指数分布。如果至少要有 2 只电子管不损坏仪器才能正常工作,求工作 1000h 后,仪器仍能正常工作的概率是多少?

解 每只电子管的使用时间 X 服从参数为 $\lambda = 1000$ 的指数分布,其密度为

$$f(x) = \begin{cases} \dfrac{1}{1000} e^{-\frac{x}{1000}} & x > 0 \\ 0 & x \leq 0 \end{cases}$$

$$P(X > 1000) = \int_{1000}^{+\infty} f(x) dx = \int_{1000}^{+\infty} \frac{1}{1000} e^{-\frac{x}{1000}} dx$$

用 Matlab 计算：

输入：
```
syms x
int((1/1000)*exp(-x/1000),1000,inf)
```
输出：
```
ans =
1/exp(1)
```
即
$$P(X>1000) = \frac{1}{e}$$

设 Y = "仪器工作 1000h 后未损坏的电子管数"，则
$Y \sim B(3,p), p = P\{X>1000\}$，而
$P\{\text{工作 1000h 后，仪器仍能正常工作}\} = P\{Y \geq 2\} = C_3^2(e^{-1})^2(1-e^{-1}) + e^{-3}$

用 Matlab 计算：

输入：
```
binocdf(1,3,exp(-1))      % 求 P(Y≤1)
```
输出：
```
ans =
0.6936
```
$$P\{Y \geq 2\} = 1 - 0.6936 = 0.3064$$

工作 1000h 后，仪器仍能正常工作的概率是 0.3064。

例 5.3.3 某灯泡的寿命 $X \sim E(500)$，寿命的单位是 h。试求：

(1) 灯泡寿命超过 5h 的概率；

(2) 已知灯泡使用了 10h，再使用 5h 以上的概率。

解 (1) 由题意所求概率 $P\{X>5\} = \int_5^{+\infty} \frac{1}{500} e^{-\frac{x}{50}} dx$

用 Matlab 计算：

输入：
```
syms x ;
int((1/500)*exp(-x/500),5,inf)
ans =
1/exp(1/100)
```
即
$$P\{X>5\} = e^{-\frac{1}{100}}$$

(2) 由题意所求概率 $P\{X>15 | X>10\} = \dfrac{P(\{X>15\}\{X>10\})}{P\{X>10\}} = \dfrac{P\{X>15\}}{P\{X>10\}}$

用 Matlab 计算：

输入：
```
syms x ;
int((1/500)*exp(-x/500),15,inf)
```
输出：

```
ans =
1/exp(3/100)
```
即
$$P\{X > 15\} = e^{-\frac{3}{100}}$$

输入：
```
syms x ;
int((1/500)*exp(-x/500),10,inf)
```
输出：
```
ans =
1/exp(1/50)
```
即
$$P\{X > 10\} = e^{-\frac{2}{100}}$$

于是，
$$P\{X > 15 | X > 10\} = \frac{e^{-\frac{3}{100}}}{e^{-\frac{2}{100}}} = e^{-\frac{1}{100}}$$

这个结果说明，$P\{X>15|X>10\} = P\{X>5\} = e^{-\frac{1}{100}}$，即灯泡使用 5h 以上的概率与已知使用了 10h 再使用 5h 以上的概率相等，似乎已使用 10h 被"遗忘"了。

把指数分布的这种特性称为遗忘性。

3. 正态分布

1) 正态分布的概率密度

如果连续型随机变量 X 具有概率密度

$$f(x) = \frac{1}{\sqrt{2\pi}\sigma}e^{-\frac{(x-\mu)^2}{2\sigma^2}}$$

其中 σ,μ 为常数，并且 $\sigma > 0$，则称 X 服从正态分布，简记作 $X \sim N(\mu,\sigma^2)$。

特别地，当 $\mu = 0, \sigma = 1$ 时，概率密度函数可以写成

$$\varphi(x) = \frac{1}{\sqrt{2\pi}}e^{-\frac{x^2}{2}}$$

称它为标准正态分布的概率密度，简记作 $X \sim N(0,1)$。

下面计算 $\int_{-\infty}^{+\infty} \frac{1}{\sqrt{2\pi}\sigma}e^{-\frac{(x-\mu)^2}{2\sigma^2}}dx \underset{dx=\sigma dt}{\overset{t=\frac{x-\mu}{\sigma}}{=\!=\!=}} \int_{-\infty}^{+\infty} \frac{1}{\sqrt{2\pi}}e^{-\frac{t^2}{2}}dt$

这里用了换元积分法：设 $f(x)$ 在区间 $[a,b]$ 上连续，函数 $x = \varphi(t)$ 满足条件：

(1) $\varphi(\alpha) = a, \varphi(\beta) = b$；

(2) $\varphi(t)$ 在 $[\alpha,\beta]$（或 $[\beta,\alpha]$）上具有连续导数，且其值域 $R_\varphi \supset [a,b]$，则有 $\int_a^b f(x)dx = \int_\alpha^\beta f[\varphi(t)]\varphi'(t)dt$。

上面 $\alpha、\beta、a$ 和 b 中有 $-\infty$ 或 ∞，结论也是对的。如设 $f(x)$ 在区间 $(-\infty,+\infty)$ 上连续，函数 $x=\varphi(t)$ 满足条件：

(1) $\varphi(-\infty) = -\infty, \varphi(+\infty) = +\infty$ 或 $\varphi(+\infty) = -\infty, \varphi(-\infty) = +\infty$；

(2) $\varphi(t)$ 在 $(-\infty, +\infty)$ 有连续导数，则有

$$\int_{-\infty}^{+\infty} f(x)dx = \int_{-\infty}^{+\infty} f[\varphi(t)]\varphi'(t)dt \text{ 或 } \int_{-\infty}^{+\infty} f(x)dx = -\int_{-\infty}^{+\infty} f[\varphi(t)]\varphi'(t)dt$$

用 Matlab 计算：

输入：

```
syms t
pdf = (1/sqrt(2*pi))*int(exp(-t^2/2),t,-inf,inf);
eval(pdf)        %  eval 是串演算命令
```

输出：

```
ans = 1
```

2) 标准正态分布概率密度 $\varphi(x)$ 的性质

(1) $\varphi(-x) = \varphi(x)$，即 $\varphi(x)$ 的图形关于 Y 轴对称如图 5-3-1 所示；

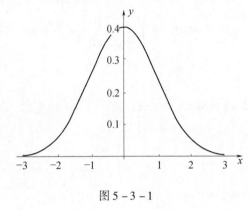

图 5-3-1

(2) $\varphi(x)$ 在 $(-\infty, 0)$ 内严格递增，在 $(0, +\infty)$ 内严格递减，在 $x = 0$ 处达到最大值：$\varphi(0) = \dfrac{1}{\sqrt{2\pi}} \approx 0.3989$；

(3) $\varphi(x)$ 在 $x = \pm 1$ 处有两个拐点；

(4) X 轴是曲线 $\varphi(x)$ 的水平渐近线。

3) 一般正态分布概率密度的性质

一般正态分布与标准正态分布的关系。

如果 $X \sim N(\mu, \sigma^2)$，概率密度为

$$f(x) = \frac{1}{\sqrt{2\pi}\sigma} e^{-\frac{(x-\mu)^2}{2\sigma^2}}$$

其图像相当于标准正态分布密度 $\varphi(x) = \dfrac{1}{\sqrt{2\pi}} e^{-\frac{x^2}{2}}$ 的图像沿 X 轴作水平移动和沿 Y 轴方向作压缩或拉伸，其几何性质为：

(1) 曲线关于 $x = \mu$ 对称。

(2) 在 $x = \mu$ 处 $f(x) = \dfrac{1}{\sqrt{2\pi}\sigma} e^{-\frac{(x-\mu)^2}{2\sigma^2}}$ 取得最大值 $\dfrac{1}{\sqrt{2\pi}\sigma}$。

（3）在 $x = \mu \pm \sigma$ 处曲线有拐点。

（4）曲线以 X 轴为水平渐进线。

正态分布是最常见也是最重要的一种分布，它常用于描述测量误差及具有"中间大，两头小"特点的随机变量的分布。许多产品的物理量，如青砖的抗压强度、细纱的强力、螺丝的口径等随机变量的分布都具有"中间大，两头小"的特点。在正常情况下，这种量都可以看成由许多微小的、独立的随机因素作用的总后果，而每一种因素都不能起到压倒一切的主导作用。具有这种特点的随机变量，一般都可以认为服从正态分布。又比如：

（1）调查一群人的身高，其高度为随机变量，分布特点是高度在某一范围（平均值临近）内的人数最多，较高的和较低的人数较少。

（2）加工某零件，其长度的测量值是个随机变量，它的分布与身高分布相似。

例 5.3.4 $X \sim N(8, 0.5^2)$，求 $P\{|X-8| \leq 1\}$ 及 $P\{X \leq 9\}$。

解 $P\{|X-8| \leq 1\} = P\{7 \leq X \leq 9\} = \int_{7}^{9} \frac{1}{\sqrt{2\pi}\,0.5} e^{-\frac{(x-8)^2}{2 \times 0.5^2}} dx$

$$P\{X \leq 9\} = \int_{-\infty}^{9} \frac{1}{\sqrt{2\pi}\,0.5} e^{-\frac{(x-8)^2}{2 \times 0.5^2}} dx$$

用 Matlab 计算：

输入：
```
syms x
pdf=1/(sqrt(2*pi)*0.5)*int(exp(-(x-8)^2/(2*0.5^2)),x,7,9)
eval(pdf)
```

输出：
```
ans =
0.9545
```

输入：
```
syms x
pdf=1/(sqrt(2*pi)*0.5)*int(exp(-(x-8)^2/(2*0.5^2)),x,-inf,9)
eval(pdf)
```

输出：
```
ans =
0.9772
```

于是，$P\{|X-8| \leq 1\} = 0.9545$；$P\{X \leq 9\} = 0.9772$。

5.4 随机变量的分布函数

5.4.1 随机变量的分布函数

若 X 是一个随机变量，对任何实数 x，令

$$F(x) = P\{X \leq x\}$$

称 $F(x)$ 为随机变量 X **的分布函数**。

由此看出，随机变量 X 的分布函数 $F(x)$ 是一个定义在 $(-\infty, +\infty)$ 内，以 $P\{X \leq x\}$ 为 x 的一个函数值。可以证明 $F(x)$ 具有以下基本性质：

(1) $0 \leq F(x) \leq 1$ $x \in (-\infty, +\infty)$;

(2) $F(x)$ 是 x 的不减函数(即自变量增加对应的函数值不减少);

(3) $F(-\infty) = \lim\limits_{x \to -\infty} F(x) = 0, F(+\infty) = \lim\limits_{x \to +\infty} F(x) = 1$;

(4) $F(x)$ 最多有可数个间断点,而在其间断点处是右连续的。

5.4.2 离散型随机变量的分布函数

随机变量设 X 是离散型,其概率分布律为 $P\{X = x_k\} = p_k, k = 1, 2, \cdots$,那么对于任何 x,X 的分布函数

$$F(x) = P\{X \leq x\} = P\{\sum_{x_k \leq x}\{X = x_k\}\} = \sum_{x_k \leq x} P\{X = x_k\} = \sum_{x_k \leq x} p_k$$

即分布函数在点 x 处的函数值等于 X 的小于等于 x 的取值的概率之和。

例 5.4.1 设 X 为一个随机变量,求 X 的分布函数。其概率分布见表 5-4-1。

表 5-4-1

x	0	1
P	95%	5%

$$F(x) = P\{X \leq x\} = \begin{cases} 0 & x < 0 \\ 0.95 & 0 \leq x < 1 \\ 1 & x \geq 1 \end{cases}$$

对一般的 0-1 分布,其分布函数为

$$F(x) = P\{X \leq x\} = \begin{cases} 0 & x < 0 \\ 1-p & 0 \leq x < 1 \\ 1 & x \geq 1 \end{cases}$$

其中 p 为 $x = 1$ 的概率。$F(x)$ 的图形如图 5-4-1 所示。

例 5.4.2 求例 5.2.3 的分布函数 $F(x)$ 并画出图。

解 $F(x) = P\{X \leq x\} = \begin{cases} 0 & x < 1 \\ \dfrac{k}{6} & k \leq x < k+1 \quad (k = 1,2,3,4,5) \\ 1 & x \geq 6 \end{cases}$

$F(x)$ 图形如图 5-4-2。

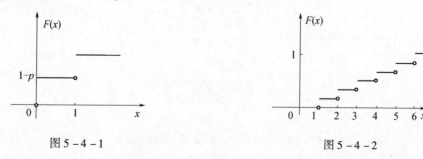

图 5-4-1　　　　　　　　图 5-4-2

离散型随机变量的分布函数的图形是阶梯型曲线。它在 X 的一切有概率的取值点 x_k 都有一个跳跃,其跳跃高度为 X 取值 x_k 的概率 p_k 而分布函数 $F(x)$ 的任何一个连续点 x 上,X 取值 x 的概率都是 0。

5.4.3 连续型随机变量的分布函数

随机变量设 X 是连续型,其概率分布密度为 $f(x)$。那么对于任何 x,X 的分布函数

$$F(x) = P\{X \leq x\} = \int_{-\infty}^{x} f(t) \mathrm{d}t$$

此外,$P\{a \leq X \leq b\} = P\{x \leq b\} - P\{X \leq a\} = F(b) - F(a)$。

注意:标准正态分布的分布函数用 $\phi(x)$ 表示。

例 5.4.3 已知连续型随机变量 X 有概率密度

$$f(x) = \begin{cases} kx + 1 & 0 \leq x \leq 2 \\ 0 & 其他 \end{cases}$$

求系数 k 及分布函数 $F(x)$,计算 $P\{1.5 < X \leq 2.5\}$。

解

$$1 = \int_{-\infty}^{+\infty} f(x) \mathrm{d}x = \int_0^2 (kx + 1) \mathrm{d}x = \left(\frac{k}{2}x^2 + x\right)\bigg|_0^2 = 2k + 2$$

用 Matlab 计算:

输入:
```
syms k x
f = k * x + 1
pretty(int(f,x,0,2))
```

输出:
```
2k + 2
```

即

$$1 = \int_0^2 (kx + 1) \mathrm{d}x = \left(\frac{k}{2}x^2 + x\right)\bigg|_0^2 = 2k + 2 \text{ 可得 } k = -\frac{1}{2}$$

$$F(x) = \int_{-\infty}^{x} f(t) \mathrm{d}t$$

$$= \begin{cases} 0 & x < 0 \\ -\frac{1}{4}t^2 + t \big|_0^x & 0 \leq x \leq 2 \\ 1 & 2 < x \end{cases}$$

$$= \begin{cases} 0 & x < 0 \\ -\frac{1}{4}x^2 + x & 0 \leq x \leq 2 \\ 1 & 2 < x \end{cases}$$

$$P\{1.5 < X \leq 2.5\} = F(2.5) - F(1.5) = 0.0625$$

注:连续性随机变量的分布函数是连续函数;若连续性随机变量的分布函数几乎处处可

导(即不可导点集合的长度为 0),则其导函数一定是分布密度。

例 5.4.4 设连续性随机变量 X 的分布函数为

$$F(x) = \begin{cases} 0 & x < 0 \\ \dfrac{x^2}{k} & 0 \leq x < 3 \\ -3 + 2x - \dfrac{x^2}{4} & 3 \leq x < 4 \\ 1 & 4 \leq x \end{cases} \quad \text{求}$$

(1) k 值;

(2) X 的分布密度。

解 (1) 由于 $F(x)$ 是连续函数,$\lim\limits_{x \to 3^-} F(x) = \dfrac{9}{k} = F(3) = -3 + 6 - \dfrac{9}{4} = \dfrac{3}{4}$,因此 $k = 12$;

(2) 对 $F(x)$ 的各个有定义的开区间分别求导,至于各区间端点处的导数值取任何值都可以。于是有密度函数为

$$f(x) = \begin{cases} \dfrac{1}{6}x & 0 \leq x < 3 \\ 2 - \dfrac{x}{2} & 3 \leq x \leq 4 \\ 0 & \text{其他} \end{cases}$$

利用分布函数再做前例 5.3.4。

例 5.4.5 已知 $X \sim N(1,4)$,求 $P(5 < X \leq 7.2)$ 和 $P(1 < X \leq 1.6)$。

解 $P(5 < X \leq 7.2) = F(7.2) - F(5)$;$P(1 < X \leq 1.6) = F(1.6) - F(1)$

用 Matlab 计算:

输入:

```
normcdf(7.2,1,2) - normcdf(5,1,2)
```

输出:

```
ans =
0.0218
```

输入:

```
normcdf(1.6,1,2) - normcdf(1,1,2)
```

输出:

```
ans =
0.1179
```

于是,

$$P(5 < X \leq 7.2) = 0.999 - 0.9772 = 0.0218$$
$$P(1 < X \leq 1.6) = 0.6179 - 0.5 = 0.1179$$

例 5.4.6 已知 $X \sim N(0,1)$,求 $P\{-1 \leq X \leq 1\}$,$P\{-2 \leq X \leq 2\}$,$P\{-3 \leq X \leq 3\}$。

解 用 Matlab 计算:

输入:

```
normcdf([-1 1],0,1)
```

输出:
```
ans =
0.1587    0.8413
```
输入:
```
normcdf([-2 2],0,1)
```
输出:
```
ans =
0.0228    0.9772
```
输入:
```
normcdf([-3 3],0,1)
```
输出:
```
ans =
0.0013    0.9987
```
于是,
$$P\{-1 \leq X \leq 1\} = 0.8413 - 0.1587 = 0.6826$$
$$P\{-2 \leq X \leq 2\} = 0.9772 - 0.0228 = 0.9544$$
$$P\{-3 \leq X \leq 3\} = 0.9987 - 0.0013 = 0.9974$$

对于一般的正态分布 $X \sim N(\mu,\sigma^2)$,也有
$$P\{\mu - \sigma \leq X \leq \mu + \sigma\} = 0.6826$$
$$P\{\mu - 2\sigma \leq X \leq \mu + 2\sigma\} = 0.9544$$
$$P\{\mu - 3\sigma \leq X \leq \mu + 3\sigma\} = 0.9974$$

上述结论说明服从正态分布的随机变量的取值几乎都在 $[\mu-3\sigma,\mu+3\sigma]$ 上,在该区间外取值的可能性很小。这个结论叫做正态分布的"3σ 原理"。

注:geopdf(x,p);binopdf(x,n,p);poisspdf(x,lambda)分别是参数为 p 几何分布、参数为 n,p 的二项分布、参数为 lambda 的泊松分布等概率函数在 x 处的函数值;unifpdf(x,a,b);exppdf(x,mu);normpdf(x,mu,sigma)分别是求 $[a,b]$ 上均匀分布、参数为 mu 的指数分布、参数为 mu,sigma 的正态分布等分布密度函数在 x 处的函数值的命令。

将上述 pdf 改为 cdf 就成为求分布函数值的命令了。

5.5 随机变量函数的分布

设 $y=g(x)$ 为一连续函数,当自变量 x 变成按分布取值的随机变量 X 时,与之对应的变量 y,也变成了随机变量。称为**随机变量的函数**,记为 $Y=g(X)$。Y 的取值当然也表示事件,如 $\{Y=a\} = \{g(X)=a\} = \{\omega|g(X(\omega))=a\}$。人们关心如果已知 X 的分布如何求 X 的函数 Y 的分布。如果 X 是离散型随机变量,Y 的分布通常易求。如果 X 是连续性随机变量,一般的来说 Y 的分布密度不易求,常常采用求其分布函数的导函数的办法来求。

注意:若 $X \sim N(\mu,\sigma^2)$,则 $Y = aX+b$ 也服从正态分布,且 $Y \sim N(a\mu+b,a^2\sigma^2)$。

特别地,若 $X \sim N(\mu,\sigma^2)$,则 $Y = \dfrac{X-\mu}{\sigma} \sim N\left(\dfrac{\mu}{\sigma} - \dfrac{\mu}{\sigma}, \dfrac{\sigma^2}{\sigma^2}\right) = N(0,1)$。因此将 Y 称为 X 的

标准化。

例 5.5.1 设 $X \sim B(1,P)$ 求 $Y = X^2$ 的分布。

解 X 的分布律是 $P(X=1) = p, P(X=0) = 1-p$。

Y 的可能的取值也是 0 和 1。而当 $X=0$ 时，$Y=0$；当 $X=1$ 时，$Y=1$，且

$$P(Y=1) = P(X=1) = p, \quad P(Y=0) = P(X=0) = 1-p$$

因此，Y 的分布律是 $P(Y=k) = p^k(1-p)^{1-p} k = 0,1$。

例 5.5.2 设随机变量 $X \sim U[-1,1]$，求 $Y = e^X$ 的概率密度。

解 X 的概率密度

$$f(x) = \begin{cases} \dfrac{1}{2}, & -1 \leq X \leq 1 \\ 0, & 其他 \end{cases}$$

$$F(y) = \{Y \leq y\} = P\{e^X \leq y\} = P\{X \leq \ln y\} = \int_{-\infty}^{\ln y} f(x)\mathrm{d}x$$

若 $\ln y < -1, f(x) = 0, F(y) = 0$；

若 $-1 \leq \ln y < 1, F(y) = \int_{-\infty}^{\ln y} f(x)\mathrm{d}x = \int_{-\infty}^{-1} 0 \mathrm{d}x + \int_{-1}^{\ln y} \dfrac{1}{2} \mathrm{d}x = \dfrac{1}{2}(\ln y + 1)$；

若 $\ln y \geq 1, F(y) = \int_{-1}^{1} \dfrac{1}{2} \mathrm{d}x = 1$。

因此，$f(y) = F'(y) = \begin{cases} \dfrac{1}{2y} & -1 \leq \ln y \leq 1 \\ 0 & 其他 \end{cases} = \begin{cases} \dfrac{1}{2y} & e^{-1} \leq y \leq e \\ 0 & 其他 \end{cases}$

X、Y 为同一样本空间 Ω 上的随机变量。若 $z = g(x,y)$ 是二元连续函数，则 $g(X,Y)$ 也是随机变量，称其为 X、Y 的二元函数。X、Y 的二元函数取值当然表示事件，$g(X,Y) = a = \{\omega | g(X(\omega),Y(\omega))\}$。如 $g(X,Y) = XY, \{XY = a\} = \{\omega | X(\omega)Y(\omega) = a\}$。

若 X 的任何取值集合（事件）与 Y 的任何取值集合（事件）都相互独立，则称 X、Y 相互独立。这个概念还可以推广到有限个事件，即若当 $X_i(i=1,2,\cdots,n)$ 的任何有限个随机变量的取值集合都是相互独立的事件组，则称 $X_i(i=1,2,\cdots,n)$ 是 n 个相互独立的随机变量。

值得注意的一个结论是：若 $X_i(i=1,2,\cdots,n)$ 是相互独立的随机变量，且 $X_i \sim N(\mu_i, \sigma_i^2)$ $(i=1,2,\cdots,n)$，则

$$Y = a_1 X_1 + a_2 X_2 + \cdots + a_n X_n \sim N(a_1 \mu_1 + a_2 \mu_2 + \cdots + a_n \mu_n, a_1^2 \sigma_1^2 + a_2^2 \sigma_2^2 + \cdots + a_n^2 X_n^2)$$

习 题 5

一、填空题

1. 一实习生用同一台机器接连独立地制造 3 个同种零件，第 i 个零件是不合格品的概率 $P_i = \dfrac{1}{i+1}(i=1,2,3)$，以 X 表示 3 个零件中合格品的个数，则 $P\{X=2\} = $ _____。

2. 函数 $f(x)$ 是连续型随机变量 X 的概率密度函数的充分必要条件是（1）_____，（2）_____。

3. 随机变量 X 的分布函数 $F(x)$ 是事件 _____ 的概率。

4. 分布函数的 $F(x)$ 的三条性质是（1）_____，（2）_____，（3）_____。

5. $X \sim N(0,1)$，则 X 的概率密度函数 $\varphi(x)=$ _____。

6. 设 $X \sim N(\mu,\sigma^2)$，则 $Y=$ _____ $\sim N(0,1)$。

7. 做一系列独立试验,每次试验成功的概率为 $P(0<P<1)$。则（1）在 n 次成功之前已经失败次数 X 的分布律为 _____；（2）首次成功时,试验次数 Y 的分布律为 _____。

二、选择题

1. 下列表（　　）可以作为离散性随机变量的分布律。

(A)

X	-1	0	1
P	$\frac{1}{4}$	$\frac{1}{2}$	$\frac{1}{4}$

(B)

X	-1	0	1
P	$\frac{1}{3}$	$\frac{1}{2}$	$\frac{1}{4}$

(C)

X	0	1	2
P	$\frac{1}{5}$	$\frac{2}{5}$	$\frac{3}{5}$

(D)

X	1	2	1
P	$\frac{1}{4}$	$\frac{1}{4}$	$\frac{1}{3}$

2. $P\{X=x_k\}=\frac{2}{p_k}(k=1,2,3,\cdots)$ 为一随机变量的概率分布的必要条件是（　　）。

(A) x_k 非负　　(B) x_k 为整数　　(C) $0<p_k\leq 2$　　(D) $p_k\geq 2$

3. 已知 $P\{X=k\}=\frac{\lambda^k}{c\cdot k!}(k=1,2,3,\cdots)$ 为一随机变量的概率分布，其中 $\lambda>0$ 常数，则 $c=$ （　　）

(A) $e^{-\lambda}$　　(B) e^λ　　(C) $e^\lambda+1$　　(D) $e^\lambda-1$

4. 若离散型随机变量 X 的可能值为（　　），则 $P\{X=k\}=\frac{1}{2^{k+1}}$ 可以是 X 的概率分布。

(A) $0,1,2,3,\cdots$　　(B) $1,2,3,\cdots$　　(C) $-1,0,1,2,3,\cdots$　　(D) $2,3,4,\cdots$

5. 如果连续型随机变量 X 在下列（　　）区间上取值，$f(x)=\sin x$ 可作为 X 的分布密度。

(A) $\left[0,\frac{\pi}{2}\right]$　　(B) $[0,\pi]$　　(C) $\left[0,\frac{3\pi}{2}\right]$　　(D) $[0,2\pi]$

6. 连续型随机变量 X，$f(x)$ 为其概率密度函数，$f(x)$ 的不为 0 定义区间为 $[0,\pi]$，在该区间上 $f(x)$ 应为（　　）。

(A) $\sin x$　　(B) $\frac{1}{\pi}$　　(C) $\frac{x}{\pi}$　　(D) π

7. X 服从均匀分布 $f(x)=\begin{cases}\lambda, & 3\leq x\leq 5\\ 0, & 其他\end{cases}$，$\lambda=$（　　）。

(A) $-\dfrac{1}{2}$ (B) 1 (C) 2 (D) $\dfrac{1}{2}$

8. 连续型随机变量 X 的概率密度函数 $f(x)=\begin{cases}kx, & 0\le x\le 2\\ 0, & \text{其他}\end{cases}$, k 的取值应是( )。

(A) -1 (B) 2 (C) $\dfrac{1}{2}$ (D) 1

9. 设离散型随机变量 X 的分布函数为

$$F(x)=\begin{cases}0 & x<-1\\ a & -1\le x<1\\ \dfrac{2}{3} & 1\le x<2\\ a+b & 2\le x\end{cases}$$

且 $P\{X=2\}=0.5$, 则 $(a,b)=($)。

(A) $\left(\dfrac{1}{3},\dfrac{5}{6}\right)$ (B) $\left(\dfrac{5}{6},\dfrac{1}{6}\right)$ (C) $\left(\dfrac{1}{3},\dfrac{2}{3}\right)$ (D) $\left(\dfrac{2}{3},\dfrac{1}{3}\right)$

10. 设 $X\sim N(3,4^2)$, 且已知 $P\{X\le -2.6\}=0.1$, 则 $k=($)时, $P\{X\le k\}=0.9$。

(A) 2.6 (B) 0 (C) 8.6 (D) 5.6

11. 设随机变量 $X\sim N(0,1)$, 则 $Y=($)$\sim N(\mu,\sigma^2)$。

(A) $\dfrac{X-\mu}{\sigma}$ (B) $\dfrac{X+\mu}{\sigma}$ (C) $\sigma X-\mu$ (D) $\sigma X+\mu$

三、计算题

1. 将 3 张 10 元人民币随机地装入两个信封中,用 X 表示装入第一个信封的钱数,写出随机变量 X 的分布律。

2. 罐中有 5 个红球, 3 个白球, 从中每次任取一球后放入一个红球, 直到取得红球为止, 用 X 表示取球次数, 求 X 的分布律, 并计算 $P\{1<X\le 3\}$。

3. 从装有 4 个白球, 3 个黑球, 2 个黄球的袋中随机地取出 2 个球, 假定每取出一个黑球得 2 分, 而每取出一个白球扣 1 分, 用 X 表示所得分数, 求 X 的分布律。

4. 设 X 为离散型随机变量其分布律见下表

X	-1	0	1
P	$\dfrac{1}{2}$	$1-2q$	q^2

求 q 值及其 $P\left\{X<\dfrac{1}{2}\right\}$。

5. 设随机变量 X 服从泊松分布, 且已知 $P\{X=1\}=P\{X=2\}$, 求 $P\{X=4\}$。

6. 设事件 A 在每次试验中发生的概率为 0.3, 当 A 发生不少于 3 次时, 信号灯发出信号。如果进行 5 次独立试验, 求指示灯发出信号的概率。

7. 设有各耗电 7.5kW 的车床 5 台, 每台车床使用情况相互独立的, 一般情况下, 每台车床每小时平均开车 15 分钟, 如果给 5 台车床配电设备的容量为 25kW, 求该配电设备超载的概率。

8. 甲乙两人投篮各 3 次, 已知甲投中的概率为 0.7, 乙投中的概率为 0.6, 求:

(1) 两人投中次数相等的概率；
(2) 甲比乙投中次数多的概率。

9. 一电话交换台每分钟收到的呼唤次数服从参数为4的泊松分布,求:
(1) 每分钟恰有8次呼唤的概率；
(2) 每分钟呼唤次数大于10次的概率。

10. 设连续型随机变量X的概率密度为$f(x) = \begin{cases} \dfrac{A}{1+x^2}, & x > 0 \\ 0, & x \leq 0 \end{cases}$,求$A$值及$P\{X \leq 1\}$。

11. 设连续型随机变量X的概率密度为$f(x) = ce^{-|x|}$,$(-\infty < X < +\infty)$,求常数c及X落在区间$(0,1)$内的概率。

12. 设连续型随机变量X服从区间$[0,5]$上的均匀分布,求关于Y的方程$Y^2 + 2XY + 4X - 3 = 0$有实根的概率。

13. 某公共汽车站从上午7时起每15min来一班车。如果某乘客到达此站的时间是7:00到7:30之间的均匀分布,试求他等候不到5min的概率及等候超过10min的概率。

14. 一乘客在一公共汽车站准备乘车去某地。已知有两路汽车经过此站去该地,第一路汽车每隔5min,第二路汽车每隔6min有一趟经过此站。如果等车时间服从均匀分布,求这位乘客随机到达站后在这个车站等车不超过3min的概率。

15. 设顾客在某银行的窗口等候服务的时间X(以分钟计)服从参数为$\dfrac{1}{5}$的指数分布,该顾客在窗口等候服务若超过10min他就离开,他一个月要到银行5次,求他一个月内由于未等到服务而离开窗口的次数不多于1次的概率。

16. 设随机变量$X \sim N(3,9)$,求$P\{2 < X < 5\}$,$P\{X > 0\}$。

17. 设随机变量$X \sim N(10,4)$,求
(1) $P\{X > 12\}$,$P\{7 < X \leq 15\}$,$P\{|X| > 9\}$；
(2) 确定c,使得$P\{X > c\} = P\{X \leq c\}$。

18. 某地区18岁的女青年的血压X(收缩压,以mmHg计)服从$N(110,144)$,在该地区任选一18岁的女青年测量她的血压X。
(1) 求$P\{X \leq 105\}$,$P\{110 < X \leq 120\}$；
(2) 确定最小的x使得$P\{X > x\} \leq 0.05$。

19. 由某机器生产的螺栓长度(以cm计)服从参数$\mu = 10.05$,$\sigma = 0.06$的正态分布。规定长度范围10.05 ± 0.12内为合格品,求该机器生产的螺栓的合格品率。

20. 某地区的年降水量(单位:mm)服从参数$\mu = 40$,$\sigma = 4$的正态分布。求从今年起连续10年的降水量不超过50mm的概率。

21. 已知X服从两点分布,如果X取1的概率是它取0的概率的3倍。写出X的分布函数并画出其图形。

22. 求本习题中第1题、第2题、第3题中的随机变量的分布函数。

23. 设随机变量X的分布函数为

$$F(x) = \begin{cases} 0 & x < 0 \\ \dfrac{1}{2} & 0 \leq x < 1 \\ \dfrac{2}{3} & 1 \leq x < 2 \\ \dfrac{11}{12} & 2 \leq x < 3 \\ 1 & 3 \leq x \end{cases}$$

求 $P\{X<3\}, P\{X=1\}, P\left\{X>\dfrac{1}{2}\right\}, P\{2<X\leq 4\}$。

24. 设连续型随机变量 X 的概率密度为

$$f(x) = \begin{cases} x & 0 \leq x < 1 \\ 2-x & 1 \leq x < 2 \\ 0 & \text{其他} \end{cases}$$

求 X 的分布函数。

25. 设连续型随机变量 X 的分布函数为

$$F(x) = \begin{cases} 0 & x \leq 0 \\ kx^3 & 0 < x < 2 \\ 1 & 2 \leq x \end{cases}$$

求(1) 系数 k；

(2) $P\{0<X<1\}, P\{1.5<X\leq 2\}, P\{2\leq X\leq 3\}$；

(3) X 的概率密度为 $f(x)$。

26. 设连续型随机变量 X 的概率密度为

$$f(x) = \begin{cases} \dfrac{k}{\sqrt{x}}, & 0 < x < 1 \\ 0, & \text{其他} \end{cases}$$

求系数 k 及 X 的分布函数。

27. 设离散型随机变量 X 的分布律为

X	-2	-2	0	1	2	3
P	$\dfrac{1}{12}$	$\dfrac{1}{4}$	$\dfrac{1}{3}$	$\dfrac{1}{12}$	$\dfrac{1}{6}$	$\dfrac{1}{12}$

求(1) $Y_1 = \dfrac{1}{2}X+1$ 的分布律；

(2) $Y_2 = (X+1)^2$ 的分布律。

28. 设离散型随机变量 X 的分布律为

X	0	$\dfrac{\pi}{2}$	π	$\dfrac{3\pi}{2}$	2π
P	0.1	0.3	0.2	0.3	0.1

求（1）$Y_1 = \sin X$ 的分布律；

（2）$Y_2 = 2\cos X$ 的分布律。

29. 设连续型随机变量 X 的概率密度为

$$f_X(x) = \begin{cases} 2x, & 0 < x < 1 \\ 0, & \text{其他} \end{cases}$$

求 $Y = e^{-X}$ 的概率密度。

30. 设连续型随机变量 $X \sim U(0,1)$，求 $Y = \ln X$ 的概率密度。

31. 设连续型随机变量 $X \sim N(0,1)$，求 $Y = 2X - 1$ 的概率密度。Y 服从什么分布？

32. 设连续型随机变量 $X \sim U\left(-\dfrac{\pi}{2}, +\dfrac{\pi}{2}\right)$，求 $Y = -\tan X$ 的概率密度。

第6章 随机变量的数字特征

随机变量的概率分布(离散型的分布律,连续型的分布密度,以及分布函数)完整地表现了随机变量的概率性质。但在大多数情况下这样的研究很困难,而且也不都是很有必要。如在检查各批棉花的质量时,常常关心的是一批棉花纤维的"平均长度",以及棉花纤维长度与平均长度的"偏离程度"。而"平均长度"和"偏离程度"是表现为数字的。我们称这种表示随机变量特征的数字为**随机变量的数字特征**。随机变量的数字特征很多,本章只介绍最常用的两种——数学期望与方差。

6.1 数学期望

6.1.1 数学期望的定义

对于随机变量,时常要考虑它取值的平均值。

例如,考虑一批钢筋的平均抗拉强度,抗拉强度是一个随机变量,假设它可能的取值就是 110、120、125、135、140 这 5 个值。抽取 10 根,抗拉强度指标为 120 和 130 的各有 2 根,125 的有 3 根,110,135,140 的各 1 根,则它们的平均抗拉强度指标为

$$(110 + 120 \times 2 + 125 \times 3 + 130 \times 2 + 135 + 140) \times \frac{1}{10}$$

$$= 110 \times \frac{1}{10} + 120 \times \frac{2}{10} + 125 \times \frac{3}{10} + 130 \times \frac{2}{10} + 135 \times \frac{1}{10} + 140 \times \frac{1}{10}$$

$$= 126$$

这个平均值是以取这些值的次数与试验总次数的比值(频率)为权重的加权平均。

上述平均值其实仅是抽取的 10 根钢筋的抗拉强度的平均值,如果抽取的是另外若干根钢筋,则平均抗拉强度会发生变化。换言之,这样求得的平均抗拉强度是不稳定的。考虑到抽取少数根钢筋得到的平均值一定是不稳定的,那么就应大量地抽取。由于当试验次数很大时一个事件发生的频率会稳定在该事件发生的统计概率(即概率)附近,由此得到稳定的平均值

$$110 \times p_1 + 120 \times p_2 + 125 \times p_3 + 130 \times p_4 + 135 \times p_5 + 140 \times p_6$$

其中 p_i($i = 1,2,3,4,5$)分别是对应抗拉强度值的概率。

当随机变量的取值是可数多时,自然想到要用级数来刻画平均值,因此得到如下统一的定义。

若离散型随机变量 X 有概率函数:$P\{X = x_k\} = p_k$ ($k = 1,2,\cdots$),且级数 $\sum_{k=1}^{\infty} x_k p_k$ 绝对收敛,则称这级数为 X 的**数学期望**,简称**期望**或**均值**。记作 EX,即

$$EX = \sum_{k=1}^{\infty} x_k p_k$$

可见,对于离散型随机变量 X,EX 就是 X 的各可能值与其对应概率乘积的和。当随机变量只取有限个值时,上述和式就是有限和。绝对收敛的条件,是考虑到平均值应与作和的次序无关。

例 6.1.1 甲、乙两名射手在一次射击中得分(分别用 X,Y 表示)的分布律见表 6-1-1、表 6-1-2。

表 6-1-1

X	1	2	3
P	0.4	0.1	0.5

表 6-1-2

Y	1	2	3
P	0.1	0.6	0.3

试比较甲、乙两名射手的技术。

解 $EX = 1 \times 0.4 + 2 \times 0.1 + 3 \times 0.5 = 2.1$

$EY = 1 \times 0.1 + 2 \times 0.6 + 3 \times 0.3 = 2.2$

乙射手较甲射手技术好。

例 6.1.2 一批产品中有一、二、三等品、等外品及废品 5 种,占有的比例分别为 0.7、0.1、0.1、0.06 及 0.04,若其产值分别为 6 元、5.4 元、5 元、4 元及 0 元。求产品的平均产值。

解 产品产值 X 是一个随机变量。

用 Matlab 计算平均产值:

输入:

```
X = [0  4  5  5.4  6]
p = [0.04  0.06  0.1  0.1  0.7]
EX = sum(X .* p)
```

输出:

```
X =
0    4.0000    5.0000    5.4000    6.0000
p =
0.0400    0.0600    0.1000    0.1000    0.7000
EX =
5.4800
```

即平均产值为

$EX = 6 \times 0.7 + 5.4 \times 0.1 + 5 \times 0.1 + 4 \times 0.06 + 0 \times 0.04 = 5.48(元)$。

若 X 是连续型随机变量,将其取值做离散化分析,便可得到描述其取值平均值的数字应是如下的积分。

设连续型随机变量 X 有概率密度 $f(x)$,若积分 $\int_{-\infty}^{+\infty} x f(x) \mathrm{d}x$ 绝对收敛,则称这个积分为 X 的数学期望,简称期望或均值。记作 EX,即

$$EX = \int_{-\infty}^{+\infty} x f(x) \mathrm{d}x$$

例 6.1.3 若连续型随机变量 $X \sim f(x) = \begin{cases} \dfrac{1}{\pi\sqrt{1-x^2}} & |x| < 1 \\ 0 & 其他 \end{cases}$ 求 EX。

解 $EX = \int_{-\infty}^{+\infty} xf(x)\mathrm{d}x = \int_{-1}^{1} \dfrac{x}{\pi\sqrt{1-x^2}}\mathrm{d}x$

用 Matlab 计算：

输入：

```
syms x
int(x/(pi*sqrt(1-x^2)),-1,1)
```

输出：

```
ans =
0
```

即

```
EX = 0
```

6.1.2 常见分布的数学期望

1. 0–1 分布

设 X 服从 0–1 分布，其概率函数为

$$P(X = k) = p^k(1-p)^{1-k} \quad (k = 0,1)$$
$$EX = 0 \times p + 1 \times p = p$$

2. 几何分布

设 X 服从几何分布，其概率函数为

$$P(X = k) = (1-p)^{k-1}p \quad (k = 1,2,\cdots,n,\cdots) \quad (0 < p < 1)$$
$$EX = \sum_{k=1}^{\infty} k(1-p)^{k-1}p$$

用 Matlab 计算：

输入：

```
syms k p
symsum(k*(1-p)^(k-1)*p,k,1,inf)
```

输出：

```
ans =
piecewise([abs(1 - p) < 1, 1/p])
```

即

$$EX = \dfrac{1}{p}$$

3. 二项分布

设 $X \sim B(n,p)$，其概率函数为

$$P(X = k) = C_n^k p^k(1-p)^{n-k} \quad (k = 0,1,2,\cdots,n)$$
$$p + q = 1$$

$$EX = \sum_{k=0}^{n} k C_n^k p^k (1-p)^{n-k} = \sum_{k=0}^{n} k \frac{n!}{k!(n-k)!} p^k (1-p)^{n-k}$$

$$= np \sum_{k=1}^{n} \frac{(n-1)!}{(k-1)!(n-k)!} p^{k-1} q^{n-k} = np \sum_{k=1}^{n} C_{n-1}^{k-1} p^{k-1} q^{(n-1)-(k-1)}$$

$$= np \sum_{k=0}^{n-1} C_{n-1}^{k} p^k (q)^{n-1-k} = np(p+q)^{n-1} = np$$

4. 泊松分布

设 $X \sim P_\lambda$,其概率函数为

$$P(X=k) = \frac{\lambda^k}{k!} e^{-\lambda} \quad (k=0,1,2,\cdots,n,\cdots)$$

$$EX = \sum_{k=0}^{\infty} k \frac{\lambda^k}{k!} e^{-\lambda} = \lambda e^{-\lambda} \sum_{k=1}^{\infty} \frac{\lambda^{k-1}}{(k-1)!} = \lambda e^{-\lambda} \sum_{k=0}^{\infty} \frac{\lambda^k}{k!} = \lambda e^{-\lambda} e^{\lambda} = \lambda$$

这里利用了结论 $\sum_{k=0}^{\infty} \frac{\lambda^k}{k!} = e^{\lambda}$。

5. 均匀分布

设 $X \sim U(a,b)$,其概率密度函数为

$$f(x) = \begin{cases} \dfrac{1}{b-a} & a < x < b \\ 0 & \text{其他} \end{cases}$$

$$EX = \int_a^b x \frac{1}{b-a} dx = \frac{1}{b-a} \int_a^b x dx = \frac{1}{b-a} \frac{x^2}{2} \Big|_a^b = \frac{1}{b-a} \frac{a^2-b^2}{2} = \frac{a+b}{2}$$

6. 指数分布

设 $X \sim E(\lambda)$,其概率密度函数为

$$f(x) = \begin{cases} \dfrac{1}{\lambda} e^{-\frac{x}{\lambda}} & 0 < x \quad \lambda > 0 \\ 0 & \text{其他} \end{cases}$$

$$EX = \int_0^{+\infty} \frac{x}{\lambda} e^{-\frac{x}{\lambda}} dx \underset{dx=\lambda dt}{\overset{t=\frac{x}{\lambda}}{=}} \lambda \int_0^{+\infty} t e^{-t} dt$$

用 Matlab 计算 $\int_0^{+\infty} t e^{-t} dt$:

输入:
```
syms t
int(t*exp(-t),0,inf)
```

输出:
```
ans =
1
```

于是,

$$EX = \lambda$$

7. 正态分布

设 $X \sim N(\mu, \sigma^2)$，其概率密度函数为

$$f(x) = \frac{1}{\sqrt{2\pi}\sigma} e^{-\frac{(x-\mu)^2}{2\sigma^2}}$$

$$EX = \int_{-\infty}^{+\infty} \frac{x}{\sqrt{2\pi}\sigma} e^{-\frac{(x-\mu)^2}{2\sigma^2}} dx \xlongequal[dx=\sigma dt]{t=\frac{x-\mu}{\sigma}} \int_{-\infty}^{+\infty} \frac{1}{\sqrt{2\pi}\sigma} \sigma(\sigma t + \mu) e^{-\frac{t^2}{2}} dt$$

$$= \frac{\sigma}{\sqrt{2\pi}} \int_{-\infty}^{+\infty} t e^{-\frac{t^2}{2}} dt + \frac{\mu}{\sqrt{2\pi}} \int_{-\infty}^{+\infty} e^{-\frac{t^2}{2}} dt$$

用 Matlab 计算：

(1) $\int_{-\infty}^{+\infty} t e^{-\frac{t^2}{2}} dt$

输入：
```
syms t
int(t*exp(-t^2/2),-inf,inf)
```
输出：
```
ans =
0
```

(2) $\int_{-\infty}^{+\infty} e^{-\frac{t^2}{2}} dt$

输入：
```
syms t
int(exp(-t^2/2),-inf,inf)
```
输出：
```
ans =
2^(1/2)*pi^(1/2)
```

于是，

$$EX = \mu$$

可见正态分布的数学期望正是它的第一个参数。

6.1.3 随机变量函数的数学期望

设随机变量 Y 是随机变量 X 的函数，即 $Y = g(X)$。若按定义求 $E(Y)$，则先要由 X 的概率分布律或分布密度求 Y 的概率分布律或分布密度，再计算 $E(Y)$。但 Y 的概率分布律或分布密度常常不易求出，下面的结果给出了求 $E(Y)$ 的一个方便的方法：

(1) 若 X 为离散型随机变量，其概率分布律为

$$P(X = x_k) = p_k \quad (k = 1, 2, \cdots, n)$$

如果 $\sum_k |g(x_k)| p_k$ 收敛，则

$$EY = E[g(X)] = \sum_k g(x_k) p_k$$

(2) 若 X 为连续型随机变量，其密度函数为 $f(x)$，如果 $g(x)$ 连续且 $\int_{-\infty}^{+\infty} |g(x)| f(x) dx$

收敛,则
$$EY = E[g(X)] = \int_{-\infty}^{+\infty} g(x)f(x)\mathrm{d}x$$

例 6.1.4 设随机变量 X 的分布律见表 6-1-3。
试求随机变量 $Y = X^2$ 和 $Z = \sin X$ 的数学期望 EY。

表 6-1-3

X	$\dfrac{\pi}{2}$	$\dfrac{\pi}{3}$	$\dfrac{\pi}{4}$
P	$\dfrac{1}{2}$	$\dfrac{1}{4}$	$\dfrac{1}{4}$

解 用 Matlab 计算:
输入:
```
x = [pi/2  pi/3  pi/4]
p = [0.5  0.25  0.25]
Y = x.^2
Z = sin(x)
EY = sum(Y.*p)
EZ = sum(Z.*p)
```
输出:
```
x =
    1.5708    1.0472    0.7854
p =
    0.5000    0.2500    0.2500
Y =
    2.4674    1.0966    0.6169
Z =
    1.0000    0.8660    0.7071
EY =
    1.6621
EZ =
    0.8933
```
于是,
$$EY = EX^2 = 1.6621, EZ = E(\sin X) = 0.8933$$

例 6.1.5 随机变量 X 服从参数为 λ 的泊松分布,求 $E\left(\dfrac{1}{1+X}\right)$。

解 X 服从参数为 λ 的泊松分布,其分布律为
$$P(X = k) = \frac{\lambda^k}{k!}\mathrm{e}^{-\lambda} \quad (k = 0,1,2,\cdots,n,\cdots)$$
$$\begin{aligned}
E\left(\frac{1}{1+X}\right) &= \sum_{k=0}^{\infty} \frac{1}{1+k} \frac{\lambda^k}{k!}\mathrm{e}^{-\lambda} \\
&= \frac{\mathrm{e}^{-\lambda}}{\lambda} \sum_{k=0}^{\infty} \frac{\lambda^{k+1}}{(k+1)!} = \frac{\mathrm{e}^{-\lambda}}{\lambda} \sum_{m=1}^{\infty} \frac{\lambda^m}{m!} = \frac{\mathrm{e}^{-\lambda}}{\lambda}\left(\sum_{m=0}^{\infty} \frac{\lambda^m}{m!} - 1\right) \\
&= \frac{\mathrm{e}^{-\lambda}}{\lambda}(\mathrm{e}^{\lambda} - 1) = \frac{1}{\lambda}(1 - \mathrm{e}^{-\lambda})
\end{aligned}$$

例 6.1.6 设连续型随机变量 X 的概率密度为 $f(x) = \dfrac{1}{2}\mathrm{e}^{-|x|}$ $(-\infty < x < +\infty)$,试

求 $|X|$ 的数学期望。

解 $E|X| = \int_{-\infty}^{+\infty} |x| \frac{1}{2} e^{-|x|} dx$

用 Matlab 计算:

输入:

```
syms x
int((abs(x)/2)*exp(-abs(x)),-inf,inf)
```

输出:

```
ans =
1
```

即

$$E|X| = 1$$

例 6.1.7 某长途车站从甲地开往乙地的客车于每个整点的第 15min, 30min 和 45min 从车站发出。假设一乘客于上午 9 点的第 X 分钟到达车站,且 X 服从 [0,60] 上的均匀分布,求该乘客的平均候车时间。

解 由题意知 X 的概率密度为

$$f(x) = \begin{cases} \dfrac{1}{60} & 0 \leq x \leq 60 \\ 0 & 其他 \end{cases}$$

设 Y 是乘客的候车时间(min),则

$$Y = g(X) = \begin{cases} 15 - X & 0 < X \leq 15 \\ 30 - X & 15 < X \leq 30 \\ 45 - X & 30 < X \leq 45 \\ 60 - X + 15 & 45 < X \leq 60 \end{cases}$$

因此

$$EY = E[g(X)] = \int_{-\infty}^{+\infty} g(x) f(x) dx = \frac{1}{60} \int_0^{60} g(x) dx$$

$$= \frac{1}{60} \left[\int_0^{15} (15-x) dx + \int_{15}^{30} (30-x) dx + \int_{30}^{45} (45-x) dx + \int_{45}^{60} (75-x) dx \right]$$

$$= 11.25$$

例 6.1.8 假定在国际市场上每年我国某种出口商品的需求量 $X \sim U(2000,4000)$(单位:t)。设每售出商品一吨,可为国家挣得外汇 3 万元,但是销售不出而囤积在仓库中,则每吨需要花保养费 1 万元。问需组织多少货源(根据经验货源量在 2000 ~ 4000t 之间),才能使国家所获收益期望值最大?

解 设 Y 表示国家所获收益值(单位:万元),组织货源为 y(单位:t)($2000 \leq y \leq 4000$),当 $y \leq X$ 时,商品全部售出;当 $y > X$ 时,将有 $y - X$ 吨囤积在仓库中,所以

$$Y = g(X) = \begin{cases} 3y & y \leq X \\ 3X - (y - X) & y > X \end{cases}$$

且由 $X \sim U(2000,4000)$,有 X 的概率密度为

$$f(x) = \begin{cases} \dfrac{1}{2000} & 2000 \leqslant x \leqslant 4000 \\ 0 & 其他 \end{cases}$$

于是,

$$EY = \int_{-\infty}^{+\infty} g(x)f(x)\mathrm{d}x = \int_{2000}^{4000} \frac{1}{2000}g(x)\mathrm{d}x = \int_{2000}^{y} \frac{1}{2000}(3x-y+x)\mathrm{d}x + \int_{y}^{4000} \frac{1}{2000}3y\mathrm{d}x$$

$$= \frac{1}{1000}(-y^2 + 7000y - 4000000)$$

为求 EY 的最大值,计算 $\dfrac{\mathrm{d}}{\mathrm{d}y}EY = \dfrac{1}{1000}(-2y+7000)$,令 $\dfrac{\mathrm{d}}{\mathrm{d}y}EY = 0$,解得 $y = 3500\mathrm{t}$,即组织 3500t 商品,才能使国家所获收益的期望值最大。

6.1.4 数学期望的性质

(1) $E(kX+C) = kEX+C, k, C$ 是任意常数;
(2) $E(X+Y) = EX+EY, X, Y$ 是任意两个随机变量;
性质(2)还可以推广到有限个事件,即有

$$E\left(\sum_{i=1}^{n} X_i\right) = \sum_{i=1}^{n} EX_i, \quad X_i(i=1,2,\cdots,n) \text{ 是任意 } n \text{ 个随机变量}$$

(3) 若 $X、Y$ 是两相互独立的随机变量,则 $E(XY) = EXEY$;
性质(3)还可以推广到有限个事件,即有当 $X_i(i=1,2,\cdots,n)$ 是 n 个相互独立的随机变量,则

$$E(X_1 X_2 \cdots X_n) = EX_1 EX_2 \cdots EX_n$$

(4) $EX^2 = 0$ 的充要条件是 $P\{X=0\} = 1$。

例 6.1.9 有 15 个顾客同时进入百货商场底层的一部电梯,准备到上面各层购物。假设上面还有 10 层,如果哪一层没人下电梯,电梯就不停,而每一位顾客均可能得在每一层下电梯,且相互独立。求电梯平均停梯次数。

解 设 $X_i = \begin{cases} 0 & 第 i 层无人下电梯 \\ 1 & 第 i 层有人下电梯 \end{cases}$ $(i=1,2,\cdots,10)$ 则总的停梯次数 $X = \sum\limits_{i=1}^{10} X_i$,并且

$$P(X_i = 0) = P\{第 i 层无人下电梯\} = \left(\frac{9}{10}\right)^{15}$$

$$P(X_i = 1) = P\{第 i 层至少有一人下梯\} = 1 - \left(\frac{9}{10}\right)^{15}$$

所以,$EX_i = 1 - \left(\dfrac{9}{10}\right)^{15}$。从而由数学期望的性质知

$$EX = E\left(\sum_{i=1}^{10} X_i\right) = \sum_{i=1}^{10} EX_i = 10 \times \left[1 - \left(\frac{9}{10}\right)^{15}\right]$$

输入:
```
10*(1-(9/10)^15)
```
输出:

```
ans =
    7.9411
```

于是,
$$EX = 7.9411$$

即平均停梯次数 8 次。

6.2 方　差

6.2.1 方差的定义

设甲、乙两炮弹着点与目标的距离分别为 X_1、X_2(为简便起见,假定它们只取离散值),并有如下分布律(见表 6-2-1、表 6-2-2)。

表 6-2-1　甲射手

X_1	80	85	90	95	100
P	0.2	0.2	0.2	0.2	0.2

表 6-2-2　乙射手

X_2	85	87.5	90	92.5	95
P	0.2	0.2	0.2	0.2	0.2

由计算可知,两炮有相同的期望值 90,但比较两组数据可知乙炮较甲炮稳定。因为它的弹着点比较集中。

又如有两批钢筋,每批各 10 根,它们的抗拉强度指标如下:

第一批:110、120、120、125、125、125、130、130、135、140

第二批:90、100、120、125、130、130、135、140、145、145

它们的平均抗拉强度指标都是 126。但是一般要求抗拉强度指标不低于某一指定的数值(如 115)。那么第二批钢筋的抗拉强度指标与其平均值偏差较大,即取值较分散,所以尽管它们当中有几根抗拉强度指标很大,但不合格的根数比第一批多,所以第二批的质量比第一批差。

因此,期望值不能完全地说明随机变量的分布特性,还必须研究其取值的离散程度。

如果随机变量 X 的数学期望存在,通常用 $X - EX$ 反映随机变量 X 的取值与期望的偏离值,称为离差。但不能用离差的期望值反映随机变量与其期望的偏离程度,这是因为离差有正负使得任何随机变量离差的期望值都为 0,即 $E(X - EX) = 0$。于是为了消除离差正负相抵,便用 $E(X - EX)^2$ 来衡量 X 与 EX 偏离的程度。

随机变量离差平方的数学期望 $E(X - EX)^2$(如果存在的话),称为随机变量 X 的**方差**,记作 DX 或 $\text{Var}(X)$,即 $DX = E(X - EX)^2$。称 $\sqrt{DX}$ 为 X 的**标准差**(或**方根差**)。由上述定义知 $DX \geq 0$,而且当 X 的可能值密集在它的期望值附近时,方差较小,反之则方差大。因此方差的大小可以表示随机变量取值的离散程度。此外可见方差就是随机变量函数的数学期望。因此,如果 X 是离散型随机变量,并且 $P\{X = x_k\} = p_k (k = 1, 2, \cdots)$,则

$$DX = \sum_k (x_k - EX)^2 p_k$$

如果 X 是连续型随机变量,有概率密度 $f(x)$,则

$$DX = \int_{-\infty}^{+\infty} (x - EX)^2 f(x) \mathrm{d}x$$

因为，$DX = E(X-EX)^2 = E(X^2 - 2XEX + (EX)^2)$
$= EX^2 - 2EXEX + (EX)^2$
$= EX^2 - (EX)^2$

所以，计算方差时常使用 $EX^2 - (EX)^2$。同时可知，当 $EX = 0$ 时，$DX = EX^2$。

例 6.2.1 计算本节开始所举甲、乙两炮射击一例中的 DX_1 及 DX_2。

解 前面已经计算过 $EX_1 = EX_2 = 90$，所以
$$DX_1 = E(X_1 - 90)^2, DX_2 = E(X_1 - 90)^2$$

用 Matlab 计算：

输入：

```
x1 = [80  85  90  95  100]
x2 = [85  87.5  90  92.5  95]
p = [0.2 0.2 0.2 0.2 0.2]
Y1 = (x1-90).^2
Y2 = (x2-90).^2
EY1 = sum(Y1.*p)
EY2 = sum(Y2.*p)
```

输出：

```
    x1 =
80    85    90    95    100
x2 =
85.0000   87.5000   90.0000   92.5000   95.0000
p =
0.2000   0.2000   0.2000   0.2000   0.2000
Y1 =
100   25    0    25    100
Y2 =
25.0000   6.2500    0    6.2500   25.0000
EY1 =
50
EY2 =
12.5000
```

于是，
$$DX_1 = 50, DX_2 = 12.5$$

由此可见，乙炮的射击水平好。

例 6.2.2 设随机变量 X 的概率密度函数为

$$f(x) = \begin{cases} \dfrac{2}{\pi} \cos^2 x & -\dfrac{\pi}{2} \leqslant x \leqslant \dfrac{\pi}{2} \\ 0 & \text{其他} \end{cases}$$

求 EX 和 DX。

解 $EX = \int_{-\infty}^{+\infty} x f(x) \mathrm{d}x = \int_{-\frac{\pi}{2}}^{\frac{\pi}{2}} \dfrac{2}{\pi} x \cos^2 x \mathrm{d}x$

用 Matlab 计算：

输入：
```
syms x
int(2*x/pi*(cos(x))^2, x, -pi/2, pi/2)
```
输出：
```
ans =
0
```
即
$$EX = 0$$

用 Matlab 计算 $DX = EX^2$。

输入：
```
syms x
int(2*x^2/pi*(cos(x))^2, x, -pi/2, pi/2)
```
输出：
```
ans =
pi^2/12 - 1/2
```
即
$$DX = EX^2 = \frac{\pi^2}{12} - \frac{1}{12}$$

6.2.2 常见分布的方差

1. 0-1 分布

设 X 服从 0-1 分布，其概率分布律为
$$P\{X = k\} = p^k(1-p)^{1-k}, \quad (k = 0,1)$$
前面已经计算过 $EX = p$，故有
$$DX = (0-p)^2(1-p) + (1-p)^2 p = p(1-p)$$

2. 几何分布

设 X 服从几何分布，其概率函数为 $P(X = k) = (1-p)^{k-1}p(k = 1,2,\cdots,n,\cdots)(0 < p < 1)$。前面已求过 $E(X) = \frac{1}{p}$。

下面先用 Matlab 计算 $E(X^2)$。

输入：
```
syms k p
symsum(k^2*(1-p)^(k-1)*p,k,1,inf)
```
输出：
```
ans =
piecewise([abs(1 - p) < 1, -((p - 1)^2 - p + 1)/(p^2*(p - 1))])
```
即

$$E(X^2) = \frac{(p-1)^2 - p + 1}{p^2(1-p)}$$

再计算 $DX = EX^2 - (EX)^2 = \frac{(p-1)^2 - p + 1}{p^2(1-p)} - \frac{1}{p^2} = \frac{1-p}{p^2}$。

3. 二项分布

设 $X \sim B(n,p)$，其概率函数为 $P(X=k) = C_n^k p^k (1-p)^{n-k}$ ($k=1,2,\cdots,n$) ($p+q=1$) 前面已求过 $E(X) = np$。

$$E(X^2) = \sum_{k=0}^{n} k^2 C_n^k p^k (1-p)^{n-k} = \sum_{k=0}^{n} k(k-1) \frac{n!}{k!(n-k)!} p^k (1-p)^{n-k} + EX$$

$$= n(n-1)p^2 \sum_{k=2}^{n} \frac{(n-2)!}{(k-2)!(n-k)!} p^{k-2} q^{n-k} + np$$

$$= n(n-1)p^2 \sum_{k=0}^{n-2} \frac{(n-2)!}{k!(n-2-k)!} p^k q^{n-2-k} + np$$

$$= n(n-1)p^2 (p+q)^{n-2} + np = n(n-1)p^2 + np$$

所以，$DX = EX^2 - (EX)^2 = n(n-1)p^2 + np - (np)^2 = np(1-p)$

4. 泊松分布

设随机变量 $X \sim P_\lambda$，其分布律为

$$P_\lambda(k) = P(X=k) = \frac{\lambda^k}{k!} e^{-\lambda} \quad (k = 0,1,2,\cdots,n,\cdots)$$

前面已计算过 $EX = \lambda$。下面计算

$$EX^2 = \sum_{k=0}^{\infty} k^2 \frac{\lambda^k}{k!} e^{-\lambda} = \sum_{k=0}^{\infty} k(k-1) \frac{\lambda^k}{k!} e^{-\lambda} + EX$$

$$= \lambda^2 \sum_{k=2}^{\infty} \frac{\lambda^{k-2}}{(k-2)!} e^{-\lambda} + \lambda = \lambda^2 \sum_{k=0}^{\infty} \frac{\lambda^k}{k!} e^{-\lambda} + \lambda = \lambda^2 + \lambda$$

所以，$DX = EX^2 - (EX)^2 = \lambda^2 + \lambda - \lambda^2 = \lambda$

5. 均匀分布

设随机变量 $X \sim U(a,b)$，则其分布密度为

$$f(x) = \begin{cases} \dfrac{1}{b-a} & a \leq x \leq b \\ 0 & \text{其他} \end{cases}$$

前面已计算过 $EX = \dfrac{a+b}{2}$，下面用 Matlab 计算。

$$EX^2 = \int_{-\infty}^{\infty} x^2 f(x) dx = \int_a^b \frac{x^2}{b-a} dx$$

输入：syms x a b
　　int(x^2/(b-a),x, a, b)
输出：
　　ans =
　　a^2/3 + (a*b)/3 + b^2/3

即
$$EX^2 = \frac{a^2 + ab + b^2}{3}$$
于是
$$DX = EX^2 - (EX)^2 = \frac{a^2 + ab + b^2}{3} - \left(\frac{a+b}{2}\right)^2 = \frac{(b-a)^2}{12}$$

6. 指数分布

设随机变量 $X \sim E(\lambda)$，其概率密度函数为
$$f(x) = \begin{cases} \frac{1}{\lambda}e^{-\frac{x}{\lambda}} & 0 < x \quad \lambda > 0 \\ 0 & \text{其他} \end{cases}$$

前面已计算 $E(X) = \lambda$。

$$EX^2 = \int_{-\infty}^{+\infty} x^2 f(x)\,dx = \int_{0}^{+\infty} \frac{1}{\lambda}x^2 e^{-\frac{x}{\lambda}}\,dx = \lambda\int_{0}^{+\infty}\left(\frac{x}{\lambda}\right)^2 e^{-\frac{x}{\lambda}}\,dx \overset{t=\frac{x}{\lambda}}{\underset{dx=\lambda dt}{=}} \lambda^2\int_{0}^{+\infty} t^2 e^{-t}\,dt$$

用 Matlab 计算 $\int_{0}^{+\infty} t^2 e^{-t}\,dt$

输入：
```
syms t
int(t^2*exp(-t),t,0,inf)
```
输出：
```
ans =
2
```
即
$$EX^2 = 2\lambda^2$$
所以
$$DX = EX^2 - (EX)^2 = 2\lambda^2 - \lambda^2 = \lambda^2$$

7. 正态分布

设随机变量 $X \sim N(\mu, \sigma^2)$，则期望为 $EX = \mu$，而方差为 $DX = \sigma^2$。

其概率密度为 $f(x) = \frac{1}{\sqrt{2\pi}\,\sigma}e^{-\frac{(x-\mu)^2}{2\sigma^2}}$ ($-\infty < x < +\infty$)，μ, σ 为常数，且 $\sigma > 0$。

前面已计算过 $EX = \mu$。

$$DX = E(X - EX)^2 = \int_{-\infty}^{+\infty}(x-EX)^2 f(x)\,dx = \int_{-\infty}^{+\infty}\frac{(x-\mu)^2}{\sqrt{2\pi}\,\sigma}e^{-\frac{(x-\mu)^2}{2\sigma^2}}\,dx$$

$$\overset{t=\frac{x-\mu}{\sigma}}{\underset{dx=\sigma dt}{=}} \frac{1}{\sqrt{2\pi}}\int_{-\infty}^{+\infty}\sigma^2 t^2 e^{-\frac{t^2}{2}}\,dt = \frac{\sigma^2}{\sqrt{2\pi}}\left(\int_{-\infty}^{+\infty} t^2 e^{-\frac{t^2}{2}}\,dt\right)$$

用 Matlab 计算 $\int_{-\infty}^{+\infty} t^2 e^{-\frac{t^2}{2}}\,dt$。

输入：
```
syms t
Int(t^2*exp(-t^2/2),t,-inf,inf)
```
输出：
```
ans =
2^(1/2)*pi^(1/2)
```
即
$$DX = \frac{\sigma^2}{\sqrt{2\pi}}\int_{-\infty}^{+\infty} t^2 e^{-\frac{t^2}{2}} dt = \sigma^2$$

可见正态分布的方差正是它的第二个参数。

6.2.3 方差的性质

(1) $D(aX+b) = a^2 DX$，a、b 为两个常数；

当 $a=0$ 时，$D(b)=0$

当 $b=0$ 时，$D(aX)=a^2 DX$

(2) $D(X \pm Y) = DX + DY \pm 2E[(X-EX)(Y-EY)]$；

当 X、Y 是两个独立随机变量时，则有 $D(X \pm Y) = DX + DY$。

这是因为 $E[(X-EX)(Y-EY)] = E(X-EX)E(Y-EY) = 0$（这里用到了结论：两个相互独立的随机变量 X、Y 的函数也是相互独立的）。

这个结论还可以推广到 n 个随机变量的情况，即 $X_1, X_2, \cdots, X_n$ 相互独立，则有

$$D(X_1 + X_2 + \cdots + X_n) = DX_1 + DX_2 + \cdots + DX_n$$

特别地，n 个相互独立随机变量的算术平均数的方差等于其方差的算术平均数的 $\frac{1}{n}$ 倍，即

$$D\left(\frac{1}{n}\sum_{i=1}^{n} X_i\right) = \frac{1}{n^2}\sum_{i=1}^{n} DX_i$$

(3) $DX=0$ 当且仅当 $P(X=EX)=1$。

例 6.2.3 已知随机变量 X、Y 相互独立，X 的分布律见表 6-2-3。

表 6-2-3

X	-0.9	0.1	1.1
P	0.3	0.5	0.2

$Y \sim N(0,24)$，求 $X-Y$ 的方差。

解
$$EX = (-0.9) \times 0.3 + 0.1 \times 0.5 + 1.1 \times 0.2 = 0$$
$$DX = EX^2 = (-0.9)^2 \times 0.3 + 0.1^2 \times 0.5 + 1.1^2 \times 0.2 = 0.49$$
$$DY = 0.24$$

由于 X 与 Y 独立，因此有

$$D(X-Y) = DX + D(-Y) = DX + (-1)^2 DY$$
$$= DX + DY = 0.73$$

例 6.2.4 若连续型随机变量 X 的概率密度是

$$f(x) = \begin{cases} ax^2 + bx + c & 0 < x < 1 \\ 0 & \text{其他} \end{cases}$$

已知 $EX = 0.5, DX = 0.15$,求系数 a, b, c。

解 由 $\int_{-\infty}^{+\infty} f(x) dx = 1$,有

$$\int_0^1 (ax^2 + bx + c) dx = 1$$

即

$$\frac{1}{3}a + \frac{1}{2}b + c = 1 \qquad ①$$

由 $EX = 0.5$,有

$$\int_0^1 x(ax^2 + bx + c) dx = 0.5$$

即

$$\frac{1}{4}a + \frac{1}{3}b + \frac{1}{2}c = 0.5 \qquad ②$$

再由 $DX = 0.15, EX = 0.5$,知 $EX^2 = 0.4$,即

$$\int_0^1 x^2(ax^2 + bx + c) dx = \frac{1}{5}a + \frac{1}{4}b + \frac{1}{3}c = 0.4 \qquad ③$$

由①、②、③解得

$$a = 12 \qquad b = -12 \qquad c = 3$$

例 6.2.5 在一部篇幅很大的书籍中,发现只有 13.5% 的页数没有印刷错误。设每页的印刷错误数 $X \sim P_\lambda(k)$。求正好有一个印刷错误的页数占的百分比;印刷错误不超过 2 个的页数占的百分比;平均每页有几个印刷错误?

解 由每页的印刷错误数 $X \sim P_\lambda(k)$ 及 $P\{X=0\} = 0.135$,有

$$P\{X=0\} = \frac{\lambda^0}{0!} e^{-\lambda} = 0.135$$

于是,

$$\lambda = -\ln 0.135 = 2.0025 \approx 2$$

用 Matlab 计算 $P(X=1)$ 和 $P(X \leqslant 2)$。

输入:
```
poisspdf(1,2)
```
输出:
```
ans =
0.2707
```
输入:
```
poisscdf(2,2)
```
输出:

```
ans =
    0.6767
```

于是,

$P\{X=1\} = 0.2707; P\{X \leq 2\} = P\{X=0\} + P\{X=1\} + P\{X=2\} = 0.6767$

且有 $E(X) = \lambda = 2$。

例 6.2.6 设 $X_1 \sim N(2,3^2), X_2 \sim N(3,4^2), X_3 \sim E(5)$,且相互独立。$Y = 3X_1 - 2X_2$,$Z = 5X_2 - X_3$。求 (1) Y 的分布;(2) EZ 和 DZ。

解 (1) 由上一章的结论知 Y 服从正态分布,故只需求出 EY 和 DY。

$$EY = 3EX_1 - 2EX_2 = 3 \times 2 - 2 \times 3 = 0, DY = 9 \times 9 + 4 \times 16 = 145$$

因此,$Y \sim N(0,145)$

(2) $EZ = 5EX_2 - EX_3 = 5 \times 3 - 5 = 10$, $DZ = 25 \times 16 + 25 = 425$

对于已知分布的期望和方差可以用下面 Matlab 命令进行计算。

分布名	计算命令	意义和说明
两项分布	[E,D] = binostat(N,P)	计算两项分布的数学期望和方差
超几何分布	[E,D] = hygestat(M,K,N)	计算超几何分布的数学期望和方差
泊松分布	[E,D] = poisstat(Lambda)	计算泊松分布的数学期望和方差
均匀分布	[E,D] = unifstat(A,B)	计算均匀分布(连续)的数学期望和方差
指数分布	[E,D] = expstat(Lambda)	计算指数分布的数学期望和方差
正态分布	[E,D] = normstat(mu,sigma)	计算正态分布的数学期望和方差

习 题 6

一、填空题

1. 将两个球随机地放入 3 个盒子中,则有球的盒子数的数学期望是_____。

2. 已知 X 服从参数为 2 的泊松分布,则 $Z = 3X - 2$ 的数学期望 $EZ = $_____。

3. 对于任意两个随机变量 X 和 Y,若 $EXY = EXEY$,则 $D(X+Y) = $_____。

4. 设随机变量 X 的概率密度函数是 $f(x) = \begin{cases} 3x^2 & 0 < x \leq 1 \\ 0 & \text{其他} \end{cases}$,则 $EX = $_____。

5. 随机变量 X 服从 $[0,2]$ 上的均匀分布,则 $D(2X+1) = $_____。

6. 设 $X \sim N(\mu, \sigma^2)$,其概率密度是 $f(x) = \dfrac{1}{\sqrt{\pi}} e^{-x^2 - 2x - 1}$,则 $EX = $_____;$DX = $_____。

7. 随机变量 X 服从 $[-1,3]$ 上的均匀分布,则 $\dfrac{D(2X-3)}{[E(2X-3)]^2} = $_____。

8. 设随机变量 X 表示 10 次独立重复射击中命中目标的次数,每次射中目标的概率为 0.4,则 $EX^2 = $_____。

二、选择题

1. 设随机变量 X 的期望 EX 存在,则 $E[EX] = ($ _____)。

(A) $[EX]^2$ (B) EX^2 (C) X (D) EX

2. 设两个随机变量 X,Y 相互独立,且 $X \sim N(3,4)$, Y 服从参数为 $\frac{1}{2}$ 的指数分布,则 $D(X-3Y-6)=(\quad)$。

  (A) -14 (B) 10   (C) 40   (D) 34

3. 设随机变量 X 的期望 EX 为一个非负数,若 $E(\frac{X^2}{2}-1)=2$,且 $D(\frac{X}{2}-1)=\frac{1}{2}$,则 $EX=(\quad)$。

  (A) 0   (B) -2 (C) 2   (D) $\sqrt{8}$

4. 设随机变量 $X \sim B(n,p)$,且数学期望和方差分别为 0.8, 0.72,则 n,p 的值分别是 $(\quad)$。

  (A) $n=4, p=0.2$ (B) $n=2, p=0.4$
  (C) $n=8, p=0.1$ (D) $n=1, p=0.8$

5. 设两个随机变量 X,Y 的方差 DX 和 DY 均存在,则一定有 $D(X-Y)=(\quad)$。
  (A) $DX-DY$ (B) $E(X-Y)^2-[E(X-Y)]^2$
  (C) $DX+DY$ (D) $E\{[X-EX]-[Y-EY]\}^2$

6. 设两个相互独立的随机变量 X,Y, $DX=4$, $DY=2$,则 $D(3X-2Y)=(\quad)$。
  (A) 8   (B) 16   (C) 28   (D) 44

7. 设 X 是一随机变量,$EX=\mu$, $DX=\sigma^2$ ($\mu,\sigma>0$ 均为常数),对任意常数 C,必有 $(\quad)$。
  (A) $E(X-C)^2=EX^2-C^2$ (B) $E(X-C)^2=E(X-\mu)^2$
  (C) $E(X-C)^2<E(X-\mu)^2$ (D) $E(X-C)^2 \geq E(X-\mu)^2$

三、计算题

1. 一批零件中有 9 个合格品、3 个废品,现从中任取一个,如果取出的是废品就不再放回。求在取得合格品以前,已经取出的废品数的数学期望和方差。

2. 设球队 A 与 B 进行比赛,若有一队胜 4 场则比赛结束。已知 A,B 两队在每场比赛中获胜的概率都是 0.5,试求需要比赛场数的数学期望。

3. 一人有 N 把钥匙,每次开门时,他随机地拿出一把,直到门打开为止。记 X 为试过的钥匙数(包括最后打开门那把)。按以下两种情况计算 EX:
(1) 试过的钥匙不再放回;(2) 试过的仍放回。

4. 某种电子管的寿命(单位:h)是一个概率密度为

$$f(x) = \begin{cases} axe^{-ax} & x \geq 0 \\ 0 & x > 0 \end{cases}$$

的随机变量($a>0$),求这种电子管的平均寿命。

5. 设连续型随机变量的概率密度是

$$f(x) = \begin{cases} ax^k & 0<x<1 \\ 0 & \text{其他} \end{cases}$$

且 $EX=\frac{5}{8}$,求 k 与 a 的值。

6. 假定每人生日在各个月份的机会是均等的,求3人中生日在第一季度的平均人数。

7. 带中装有标记号码1,2,3的3个球。从中任取1个并且不再放回,然后再从袋中任取1球,以X,Y分别记第1、第2次取到的球上的号码数,求$X+Y$的期望。

8. 对圆的直径做近似测量,其值均匀分布在区间$[a,b]$上(单位:cm),求圆面积的数学期望。

9. 一工厂生产的某种设备的寿命X(单位:年)服从参数$\lambda=4$的指数分布。工厂规定,出售的设备在一年之内出现质量问题可以调换。若工厂售出一台设备赢利100元,调换一台设备需花费300元。求厂方出售一台设备净赢利的数学期望。

10. 若随机变量X的分布密度是

$$f(x)=\begin{cases}ax^2+bx+c & 0<x<1\\ 0 & 其他\end{cases}$$

且期望与方差分别为$EX=\dfrac{2}{3},DX=\dfrac{4}{45}$,求$a,b,c$。

11. 一个螺钉的重量X是随机变量,其期望是5g,标准差是0.1g。若一盒装有200个这种同一型号的螺丝钉,求一盒螺丝钉重量的期望值与标准差(每个螺丝钉的重量相互独立)。

12. 设随机变量X的密度为

$$f(x)=\begin{cases}e^{-x} & x>0\\ 0 & x\leqslant 0\end{cases}$$

求$Y=e^{-3X}$的期望与方差。

第7章 样本及抽样分布

从本章开始涉及数理统计的内容,数理统计是从局部观测数据的统计特征,来推断随机现象整体特征的一门学科。数理统计的应用十分广泛。

要了解随机现象整体的情况,最可靠的是采用普查的方法,但实际上,这往往是不必要或者是不允许的。比如:某农场要了解应用农药防止花生锈病的效果,由于花生的株数很多,如果对每一株都加以考察,是不必要的,也是不可能的。又如:测定某灯泡厂一天生产的灯泡的使用寿命,但测定属于破坏性试验,试验一个就报废一个,逐个试验是不允许的。数理统计的方法是:从所有要研究的对象中,抽取一小部分来进行试验,然后进行分析和研究,根据这一小部分所显示的统计特征,来推断整体的特征。在分析和研究中,要用到概率论原理。统计推断可以分为两大类,一类是参数估计,另一类是假设检验。

本章先讲述一些数理统计的基本概念。

7.1 样本与样本分布

7.1.1 总体、个体及样本

在数理统计中,把研究对象的全体称为**总体**,组成总体的每个元素称为**个体**。例如:某车床加工的一批零件,可以作为一个总体;而其中的每一个零件,就是一个个体。总体中包含的个体的个数称为**总体容量**,容量为有限的总体称为**有限总体**,否则称为**无限总体**。

在实际问题中,人们关心的常常是总体的某个数量指标。例如,观测某车床加工的一批零件,其实关心的是零件的可以表现零件质量的长度。就用 X 表示这个数量指标。将观测到的每一个零件的长度看成 X 的取值,由于每次观测之前无法确定 X 的取值,因此 X 是随机变量。今后总用与总体对应的这个随机变量 X 来表示总体,从总体中抽出 n 个个体对其数量特征进行观察,便是对随机变量 X 的 n 次取值。

设 X 为总体,$X_i(i=1,2,\cdots,n)$ 为第 i 次抽取个体(抽样)得到的观测结果,它也是个随机变量。$X_1,X_2,\cdots,X_n$ 构成的集合,称为**来自总体 X 的一个样本**,记作 $(X_1,X_2,\cdots,X_n)$。样本中所含个体的个数 n 称**样本容量**。而这样一个样本又称为一个 n 维随机变量。

每个 $X_i,(i=1,2,\cdots,n)$ 的具体的观测值 $x_i,(i=1,2,\cdots,n)$ 构成的 n 维向量 $(x_1,x_2,\cdots,x_n)$,称为**样本$(X_1,X_2,\cdots,X_n)$ 的观察值**。

数理统计的统计推断要做的就是要由从样本得到的统计数据推断总体的统计特征。为了使这一过程做到客观性、精确性、可靠性,常要求抽到的样本满足:

(1) 独立性,指样本中的个体 $X_1,X_2,\cdots,X_n$ 相互独立,这表明样本中各次抽样结果是互不影响的;

(2) 代表性,是指样本的个体 $X_1,X_2,\cdots,X_n$ 都与总体 X 同分布。

满足上述(1)、(2)的样本称为**简单样本**。今后总假设样本是简单样本。

7.1.2 样本的分布

设样本 $(X_1, X_2, \cdots, X_n)$ 来自总体 X。记事件 $(X_1 \in E_1)(X_2 \in E_2)\cdots(X_n \in E_n)$ 记为 $(X_1 \in E_1, X_2 \in E_2, \cdots, X_n \in E_n)$。

称 n 元函数 $F(x_1, x_2, \cdots, x_n) = P(X_1 \leq x_1, X_2 \leq x_2, \cdots, X_n \leq x_n)$ 为样本 $(X_1, X_2, \cdots, X_n)$ 的联合分布函数,简称样本分布函数。

设总体 X 的分布函数为 $F(x)$,则简单随机样本 $(X_1, X_2, \cdots, X_n)$ 中的每一个个体 X_i 的分布函数均为 $F(x)$,即 $F(x_i) = P(X_i \leq x_i)(i = 1, 2, \cdots, n)$,又 $X_1, X_2, \cdots, X_n$ 相互独立,所以样本分布函数

$$\begin{aligned}F(x_1, x_2, \cdots, x_n) &= P(X_1 \leq x_1, X_2 \leq x_2, \cdots, X_n \leq x_n) \\ &= P(X_1 \leq x_1)P(X_2 \leq x_2) \cdots P(X_n \leq x_n) \\ &= F(x_1)F(x_2) \cdots F(x_n) \\ &= \prod_{i=1}^{n} F(x_i)\end{aligned}$$

设总体 X 为连续型随机变量,且总体 X 的概率密度为 $f(x)$,则简单随机样本 $(X_1, X_2, \cdots, X_n)$ 中的每一个个体 X_i 的概率密度函数均为 $f(x_i), (i = 1, 2, \cdots, n)$。称 $f(x_1, x_2, \cdots, x_n) = f(x_1)f(x_2) \cdots f(x_n) = \prod_{i=1}^{n} f(x_i)$ 为样本 $(X_1, X_2, \cdots, X_n)$ 的**联合概率密度函数**。

可以证明: $f(x_1, x_2, \cdots, x_n)$ 近似表示样本 $(X_1, X_2, \cdots, X_n)$ 在点 $(x_1, x_2, \cdots, x_n)$ 附近取值的平均概率(即在含"点" $(x_1, x_2, \cdots, x_n)$ 的 n 维体积为 1 的"区域"上取值的概率)。

设总体 X 为离散型随机变量,且总体 X 的分布律为 $P\{X = x\} = p(x)$,则简单随机样本 $(X_1, X_2, \cdots, X_n)$ 中的每一个个体 X_i 的分布律均为 $P\{X_i = x\} = p(x)$ $(i = 1, 2, \cdots, n)$,称

$$\begin{aligned}P(X_1 &= x_1, X_2 = x_2, \cdots, X_n = x_n) \\ &= P(X_1 = x_1)P(X_2 = x_2) \cdots P(X_n = x_n) \\ &= p(x_1)p(x_2) \cdots p(x_n) \\ &= \prod_{i=1}^{n} p(x_i)\end{aligned}$$

为样本 $(X_1, X_2, \cdots, X_n)$ 的**联合分布律**。联合分布律 $\prod_{i=1}^{n} p(x_i)$ 表示的概率称为样本 $(X_1, X_2, \cdots, X_n)$ 在点 $(x_1, x_2, \cdots, x_n)$ 处发生的概率。

例 7.1.1 设 $(X_1, X_2, \cdots, X_n)$ 来自正态总体 $X \sim N(\mu, \sigma^2)$ 的样本,试写出样本的联合分布函数、联合概率密度。

解 因为 $X \sim N(\mu, \sigma^2)$,所以总体 X 的概率密度和分布函数分别为

$$f(x) = \frac{1}{\sqrt{2\pi}\sigma} e^{-\frac{(x-\mu)^2}{2\sigma^2}}, \quad F(x) = \frac{1}{\sqrt{2\pi}\sigma} \int_{-\infty}^{x} e^{-\frac{(t-\mu)^2}{2\sigma^2}} dt$$

所以样本的联合分布函数为

$$F(x_1, x_2, \cdots, x_n) = F(x_1)F(x_2) \cdots F(x_n)$$

$$= \left[\frac{1}{\sqrt{2\pi}\sigma}\int_{-\infty}^{x_1}e^{-\frac{(t-\mu)^2}{2\sigma^2}}dt\right]\left[\frac{1}{\sqrt{2\pi}\sigma}\int_{-\infty}^{x_2}e^{-\frac{(t-\mu)^2}{2\sigma^2}}dt\right]\cdots\left[\frac{1}{\sqrt{2\pi}\sigma}\int_{-\infty}^{x_n}e^{-\frac{(t-\mu)^2}{2\sigma^2}}dt\right]$$

$$= \left(\frac{1}{\sqrt{2\pi}\sigma}\right)^n \prod_{i=1}^{n}\int_{-\infty}^{x_i}e^{-\frac{(t-\mu)^2}{2\sigma^2}}dt$$

样本的联合概率密度为

$$f(x_1,x_2,\cdots,x_n) = f(x_1)f(x_2)\cdots f(x_n)$$

$$= \left[\frac{1}{\sqrt{2\pi}\sigma}e^{-\frac{(x_1-\mu)^2}{2\sigma^2}}\right]\left[\frac{1}{\sqrt{2\pi}\sigma}e^{-\frac{(x_2-\mu)^2}{2\sigma^2}}\right]\cdots\left[\frac{1}{\sqrt{2\pi}\sigma}e^{-\frac{(x_n-\mu)^2}{2\sigma^2}}\right]$$

$$= \left(\frac{1}{\sqrt{2\pi}\sigma}\right)^n \prod_{i=1}^{n}e^{-\frac{(x_i-\mu)^2}{2\sigma^2}} = \left(\frac{1}{\sqrt{2\pi}\sigma}\right)^n e^{-\frac{1}{2\sigma^2}\sum_{i=1}^{n}(x_i-\mu)^2}$$

例 7.1.2 设 $(X_1,X_2,\cdots,X_n)$ 来自均匀分布总体 $X \sim U(a,b)$ 的样本,试写出样本的联合概率密度。

解 因为 $X \sim U(a,b)$,所以总体 X 的概率密度为

$$f(x) = \begin{cases} \dfrac{1}{b-a} & a \leq x \leq b \\ 0 & \text{其他} \end{cases}$$

样本的联合概率密度为

$$f(x_1,x_2,\cdots,x_n) = f(x_1)f(x_2)\cdots f(x_n) =$$

$$= \begin{cases} \dfrac{1}{(b-a)^n} & a \leq x_1,x_2,\cdots,x_n \leq b \\ 0 & \text{其他} \end{cases}$$

例 7.1.3 设 $(X_1,X_2,\cdots,X_n)$ 来自二项分布总体 $X \sim B(m,p)$ 的样本,试写出样本的联合分布律。

解 因为 $X \sim B(m,p)$,所以总体 X 的分布律为

$$P\{X = k\} = p(k) = C_m^k p^k q^{m-k} \quad (q = 1-p, k = 0,1,2,\cdots,m)$$

样本的联合分布律为

$$P(X_1 = x_1, X_2 = x_2, \cdots, X_n = x_n) = P(X_1 = x_1)P(X_2 = x_2)\cdots P(X_n = x_n)$$

$$= p(x_1)p(x_2)\cdots p(x_n)$$

$$= (C_m^{x_1} p^{x_1} q^{m-x_1})(C_m^{x_2} p^{x_2} q^{m-x_2})\cdots(C_m^{x_n} p^{x_n} q^{m-x_n})$$

$$= \left(\prod_{i=1}^{n} C_m^{x_i}\right) p^{\sum_{i=1}^{n} x_i} q^{nm - \sum_{i=1}^{n} x_i} \quad (x_i = 0,1,2,\cdots,m)$$

7.2 抽样分布

7.2.1 统计量

样本是进行统计推断的依据,但在实际应用中往往不直接使用样本本身,而是对样本进行一番"加工"和"提炼",将样本中所包含的人们关心的信息集中起来,从而针对不同的问

题来构造样本的某种函数,这种函数在数理统计中称为**统计量**:设$(X_1,X_2,\cdots,X_n)$是来自总体X的一个样本,$g(X_1,X_2,\cdots,X_n)$是$X_1,X_2,\cdots,X_n$的函数。若$g(X_1,X_2,\cdots,X_n)$中不包含任何未知参数,则称$g(X_1,X_2,\cdots,X_n)$为一个统计量。统计量是一个随机变量。当样本$(X_1,X_2,\cdots,X_n)$取得观察值$(x_1,x_2,\cdots,x_n)$时,称$g(x_1,x_2,\cdots,x_n)$为统计量的一个观察值。下面是几个常用的统计量。

设$(X_1,X_2,\cdots,X_n)$是来自总体X的一个样本,$(x_1,x_2,\cdots,x_n)$为一个样本的观察值。则有

(1) 样本均值

$$\overline{X} = \frac{1}{n}\sum_{i=1}^{n} X_i \qquad \text{其观察值记为} \bar{x} = \frac{1}{n}\sum_{i=1}^{n} x_i$$

(2) 样本方差

$$S^2 = \frac{1}{n-1}\sum_{i=1}^{n}(X_i - \overline{X})^2 \qquad \text{其观察值为} s^2 = \frac{1}{n-1}\sum_{i=1}^{n}(x_i - \bar{x})^2$$

(3) 样本标准差

$$S = \sqrt{\frac{1}{n-1}\sum_{i=1}^{n}(X_i - \overline{X})^2} \qquad \text{其观察值为} s = \sqrt{\frac{1}{n-1}\sum_{i=1}^{n}(x_i - \bar{x})^2}$$

(4) 样本k阶原点矩

$$A_k = \frac{1}{n}\sum_{i=1}^{n} X_i^k \qquad \text{其观察值为} a_k = \frac{1}{n}\sum_{i=1}^{n} x_i^k$$

(5) 样本k阶中心矩

$$B_k = \frac{1}{n}\sum_{i=1}^{n}(X_i - \overline{X})^k \qquad \text{其观察值为} b_k = \frac{1}{n}\sum_{i=1}^{n}(x_i - \bar{x})^k$$

称$A_2 = \frac{1}{n}\sum_{i=1}^{n} X_i^2$为样本简单方差,其观察值为$a_2 = \frac{1}{n}\sum_{i=1}^{n} x_i^2$,称$\sqrt{A_2}$为样本简单标准差,其观察值为$\sqrt{a_2}$。

在不产生混淆的情况下,这些统计量的观测值与统计量具有相同的称呼。如称呼$\overline{X}$和$\bar{x}$都为样本均值。

例7.2.1 随机抽取6个滚珠,测得直径(单位:mm)如下:
14.70 15.21 14.90 14.85 14.91 15.32 15.32 试求样本平均值、样本方差和样本标准差,样本简单方差,样本简单标准差。

解 用Matlab计算。
输入:
```
x = [14.70  15.21  14.90  14.85  14.91  15.32  15.32]
m = mean(x)
v = var(x)
s = std(x)
v1 = var(x,1)
s1 = std(x,1)
[m,s,v,s1,v1]
```
输出:

```
ans =
15.0300    0.2494    0.0622    0.2309    0.0533
```
即
$$\bar{x} = 15.03, s^2 = 0.06220, s = 0.2494, a_2 = 0.0533, \sqrt{a_2} = 0.2309$$

7.2.2 χ^2 分布、t 分布与 F 分布

在所有统计量的分布中有 4 类分布最常见, 也最重要, 它们是正态分布、χ^2 分布、t 分布与 F 分布。正态分布我们已经介绍过, 这里我们只介绍后 3 个分布。

1. χ^2 分布

若连续型随机变量 X 的分布密度为

$$f(x) = \begin{cases} \dfrac{1}{2^{\frac{n}{2}} \Gamma\left(\dfrac{n}{2}\right)} x^{\frac{n}{2}-1} e^{-\frac{x}{2}} & x \geq 0 \\ 0 & x < 0 \end{cases}$$

其中 $\Gamma(t) = \int_0^{+\infty} x^{t-1} e^{-x} dx (t > 0)$, 则称 X 服从**自由度为 n 的 χ^2 分布**, 记为 $X \sim \chi^2(n)$。

若设 $X_1, X_2, \cdots, X_n$ 相互独立, 都服从标准正态分布, 则随机变量 $\chi^2 = X_1^2 + X_2^2 + \cdots + X_n^2 \sim \chi^2(n)$。

图 7-2-1 是自由度分别是 1, 4, 8 的 χ^2 分布的概率密度函数的图像。从图上看到随着自由度的增大, 其概率密度函数的曲线越来越平稳, 最大值也向右移动, 即自由度越大 χ^2 变量的分布就越不集中(分散)。

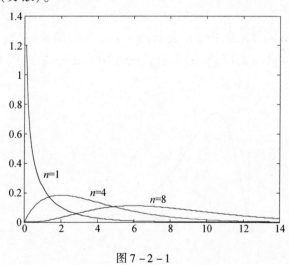

图 7-2-1

设 $X_1, X_2, \cdots, X_n$ 相互独立, 都服从标准正态分布, 随机变量 $\chi^2 = X_1^2 + X_2^2 + \cdots + X_n^2$。
因为
$$EX_i = 0, DX_i = 1$$
$$EX_i^4 = \int_{-\infty}^{+\infty} x^4 \frac{1}{\sqrt{2\pi}} e^{-\frac{x^2}{2}} dx = 3, \ (i = 1, 2, \cdots, n)$$

所以

$$E\chi^2 = E(\sum_{t=1}^{n} X_t^2) = \sum_{t=1}^{n} EX_t^2 = \sum_{t=1}^{n} [EX_t^2 - (EX_t)^2] = \sum_{t=1}^{n} DX_t = n$$

$$D\chi^2 = D(\sum_{t=1}^{n} X_t^2) = \sum_{t=1}^{n} DX_t^2 = \sum_{t=1}^{n} [EX_t^4 - (EX_t^2)^2] = \sum_{t=1}^{n} (3-1) = 2n$$

由此可知自由度越大,取值的重心就越向右移动(χ^2 的数学期望增大),且自由度越大,χ^2 变量的分布就越不集中(χ^2 的方差增大)。

关于 χ^2 分布有下面结论:

若 $\chi_1^2 \sim \chi^2(m)$,$\chi_2^2 \sim \chi^2(n)$,且 χ_1^2 与 χ_2^2 相互独立,则 $\chi_1^2 + \chi_2^2 \sim \chi^2(m+n)$。

这一结论也被说成:**χ^2 分布关于自由度具有可加性**。

对于随机变量 X 及常数 c,若 $P\{X > c\} = \alpha$,我们称 c 是随机变量 X 分布的上 α 分位点。

对于随机变量 $U \sim N(0,1)$,用 U_α 表示标准正态分布的上 α 分位点,即 $P\{U > U_\alpha\} = \alpha$ 或 $P\{U \le U_\alpha\} = 1 - \alpha$,通过查正态分布表就可以得到 U_α,如 $\alpha = 0.05$ 时,在表中找到 0.95 其对应的值 $U_{0.05} = 1.65$。正态分布的上分位点也可以通过 Matlab 来计算。如

输入:
```
norminv(0.95,0,1)
```
输出:
```
ans =
1.6449
```
即

$$U_{0.05} = 1.6449$$

这里,$U \sim N(0,1)$,norminv $(\alpha,0,1) = u$ 表示 $P(U < u) = \alpha$,即 $u = U_{1-\alpha}$。

对于随机变量 $\chi^2 \sim \chi^2(n)$,用 $\chi_\alpha^2(n)$ 表示 χ^2 分布的上 α 分位点,$P\{X > \chi_\alpha^2(n)\} = \alpha$,

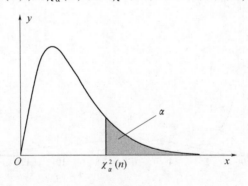

图 7-2-2

对于不同的 n 及 α 的值,χ^2 分布的上 α 分位点 $\chi_\alpha^2(n)$ 的值已制成 χ^2 分布表。如当 $n = 9$,$\alpha = 0.05$ 时,$\chi_{0.05}^2(9) = 16.919$;当 $n = 35$,$\alpha = 0.975$ 时,$\chi_{0.975}^2(35) = 20.569$。此外,用 Matlab 也可以计算上分位点。如

输入:
```
a = chi2inv(0.95,9);
```

```
b=chi2inv(0.025,35);
[a,b]
```
输出：
```
ans =
16.9190  20.5694
```
即
$$\chi^2_{0.05}(9) = 16.919, \chi^2_{0.975}(35) = 20.569$$

这里 $\chi^2 \sim \chi^2(n)$，$\text{chi2inv}(\alpha,n) = u$ 表示 $P(\chi^2 < u) = \alpha$，即 $u = \chi^2_{1-\alpha}(n)$。

2. t 分布

若随机变量 Z 的概率密度为 $h(x) = \dfrac{\Gamma\left(\dfrac{n+1}{2}\right)}{\sqrt{n\pi}\,\Gamma\left(\dfrac{n}{2}\right)}\left(\dfrac{x^2}{n}+1\right)^{-\frac{n+1}{2}}$

则称 Z 服从**自由度为 n 的 t 分布**，记作 $Z \sim t(n)$，此时也称 Z 是自由度为 n 的 t 变量，简称 Z 是 t 变量。有时 t 变量就直接用符号 t 表示。图 7-2-3 是自由度分别为 1,5,50 的 t 分布的概率密度函数的图像。

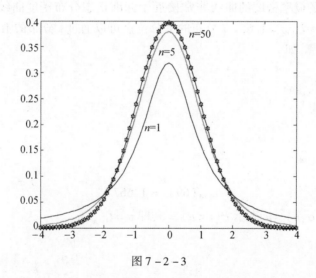

图 7-2-3

从图 7-2-3 上看到其曲线关于纵轴对称，且随着自由度的增大，其概率密度函数的曲线在原点附近就越来越陡，最大值也在增大。**当自由度足够大时**，t 分布的概率密度的曲线非常接近于标准正态分布密度曲线。这是因为

$$\lim_{n\to\infty} h(x) = \lim_{n\to\infty} \frac{\Gamma\left(\dfrac{n+1}{2}\right)}{\sqrt{n\pi}\,\Gamma\left(\dfrac{n}{2}\right)}\left(\dfrac{x^2}{n}+1\right)^{-\frac{n+1}{2}} = \frac{1}{\sqrt{2\pi}}e^{-\frac{x^2}{2}} \quad (-\infty < x < +\infty)$$

若 $X \sim N(0,1)$，$Y \sim \chi^2(n)$，且 X 与 Y 相互独立，则随机变量 $Z = \dfrac{X}{\sqrt{\dfrac{Y}{n}}} \sim t(n)$。

对于随机变量 $t \sim t(n)$，用 $t_\alpha(n)$ 表示 t 分布的上 α 分位点，即 $P\{t > t_\alpha(n)\} = \alpha$，如图 7-2-4所示。

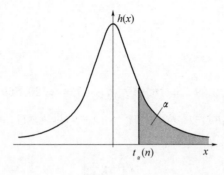

图 7-2-4

由于 t 分布概率密度函数的曲线的对称性，有 $P\{t \leq -t_\alpha(n)\} = \alpha$，即 $P\{t > -t_\alpha(n)\} = 1 - \alpha$，故 $t_{1-\alpha}(n) = -t_\alpha(n)$。

对于不同的 n 及 α 的值，t 分布的上 α 分位点 $t_\alpha(n)$ 的值制成 t 分布表。如当 $n = 9$，$\alpha = 0.05$ 时，$t_{0.05}(9) = 1.8331$；当 $n = 21$，$\alpha = 0.975$ 时，$t_{0.975}(21) = t_{1-0.975}(21) = -2.0796$。当 $n > 45$ 时，t 分布的概率密度的曲线非常接近于标准正态分布密度曲线，因此有 $t_\alpha(n) \approx U_\alpha$，例如，$t_{0.05}(69) \approx U_{0.05} = 1.65$。$t$ 分布的上分位点可以通过 t 分布的上分位点表查出，也可以用 Matlab 来计算，如

输入：
```
tinv(0.95,69)
```
输出：
```
ans =
1.6672
```
即
$$t_{0.05}(69) = 1.6672$$

这里，$t \sim t(n)$，$\text{tinv}(\alpha, n) = u$ 表示 $P(t < u) = \alpha$，即 $u = t_{1-\alpha}(n)$。

3. F 分布

若随机变量 Z 的概率密度为 $\psi(x) = \begin{cases} 0, & x \leq 0 \\ \dfrac{\Gamma\left(\dfrac{m+n}{2}\right)}{\Gamma\left(\dfrac{m}{2}\right)\Gamma\left(\dfrac{n}{2}\right)} m^{\frac{m}{2}} n^{\frac{n}{2}} x^{\frac{m}{2}-1}(mx+n)^{-\frac{m+n}{2}}, & x > 0 \end{cases}$

则称 Z 服从**第一自由度为 m，第二自由度为 n 的 F 分布**，记作 $Z \sim F(m,n)$，此时也称 Z 是第一自由度为 m，第二自由度为 n 的 F 变量，简称 Z 是 F 变量。有时 F 变量就直接用符号 F 表示。

若 $X \sim \chi^2(m)$，$Y \sim \chi^2(n)$，且 X 与 Y 相互独立，则随机变量 $Z = \dfrac{\dfrac{X}{m}}{\dfrac{Y}{n}} = \dfrac{n}{m}\dfrac{X}{Y} \sim F(m,n)$。

图 7-2-5 是两条 F 分布的概率密度函数的曲线，一条是第一自由度为 10，第二自由度

为 5 的 F 分布的概率密度函数的图像；一条是第一自由度为 10，第二自由度为 25 的 F 分布的概率密度函数的图像。

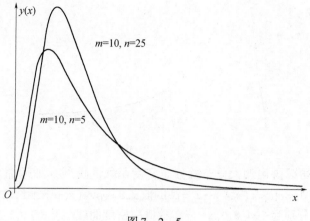

图 7-2-5

对于随机变量 $F \sim F(m,n)$，用 $F_\alpha(m,n)$ 表示 F 分布的上 α 分位点，如图 7-2-6 所示，即 $P\{F \geq F_\alpha(m,n)\} = \alpha$。对于不同的 m,n 及 α 的值，F 分布的上 α 分位点 $F_\alpha(m,n)$ 的值已经制成 F 分布表。如 $m=12, n=0, \alpha=0.1$ 时，查表得 $F_{0.05}(12,9) = 3.07$。也可以用 Matlab 来计算，如

输入：
    finv(0.95,12,9)
输出：
    ans =
    3.0729

这里，$F \sim F(m,n)$，$\mathrm{finv}(\alpha,m,n) = u$ 表示 $P(F < u) = \alpha$，即 $u = F_{1-\alpha}(m,n)$。

由前面结论可知：**若 $F \sim F(m,n)$，则 $\dfrac{1}{F} \sim F(n,m)$**

因为 $P\{F \geq F_\alpha(m,n)\} = \alpha$，推出

$$P\left\{\frac{1}{F} \leq \frac{1}{F_\alpha(m,n)}\right\} = \alpha, 1 - P\left\{\frac{1}{F} > \frac{1}{F_\alpha(m,n)}\right\} = \alpha$$

即

$$P\left\{\frac{1}{F} > \frac{1}{F_\alpha(m,n)}\right\} = 1 - \alpha$$

而 $\dfrac{1}{F} \sim F(n,m)$，所以有

$$\frac{1}{F_\alpha(m,n)} = F_\alpha(n,m) \text{ 或 } \frac{1}{F_{1-\alpha}(n,m)} = F_\alpha(m,n)$$

利用上式可以得到 F 分布表中未列出的一些上 α 分位点，如当 $m=12, n=7, \alpha=0.975$ 时，查表得 $F_{0.975}(12,7) = \dfrac{1}{F_{0.975}(7,12)} = \dfrac{1}{3.61} = 0.277$。

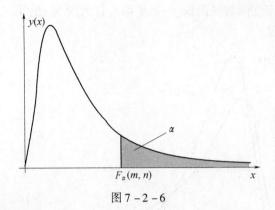

图 7-2-6

注:用 Matlab 可以画出四大分布的分布密度函数的曲线。如用命令 x = (0:0.1:10);
p = chi2pdf(x,1); p1 = chipdf(x,4); p2 = chipdf(x,8); plot(x,p,x,p1,x,p2);

可画出自由度分别为 1,4,8 的 χ^2 分布的概率密度曲线(见图 7-2-1)。

t 分布的分布密度(分布函数)在 Matlab 中用 tpdf(x,v)(tcdf(x,v))表示(v 是自由度);

F 分布的分布密度(分布函数)在 Matlab 中用 fpdf(x,v1,v2)(fcdf(x,v1,v2))(v1,v2)分别是第一自由度和第二自由度。

用 gtext 命令在图形上加标注。如输入命令 gtext('n = 1'),再用鼠标单击加标注的确定位置。

7.2.3 抽样分布

下面给出一些特殊统计量的分布。

设 $(X_1, X_2, \cdots, X_n)$ 是来自正态总体 $N(\mu, \sigma^2)$ 的一个样本,则

(1) $\overline{X} \sim N(\mu, \dfrac{\sigma^2}{n})$ 或 $\dfrac{\overline{X} - \mu}{\sqrt{\dfrac{\sigma^2}{n}}} \sim N(0,1)$

(2) $\dfrac{(n-1)S^2}{\sigma^2} = \dfrac{1}{\sigma^2} \sum\limits_{i=1}^{n}(X_i - \overline{X})^2 \sim \chi^2(n-1)$

且 $\overline{X}$ 与 $\dfrac{(n-1)S^2}{\sigma^2}$ 相互独立

(3) $\dfrac{\dfrac{\overline{X} - \mu}{\sqrt{\dfrac{\sigma^2}{n}}}}{\sqrt{\dfrac{(n-1)S^2}{\sigma^2}} \Big/ \sqrt{n-1}} = \dfrac{\overline{X} - \mu}{\dfrac{S}{\sqrt{n}}} \sim t(n-1)$ 。

习 题 7

一、填空题

1. 求以下上分位点:$u_{0.025} = $ _____,$u_{0.9} = $ _____,$\chi^2_{0.05}(10) = $ _____,$\chi^2_{0.95}(35) = $

_____ , $t_{0.05}(10) =$ _____ , $t_{0.95}(150) =$ _____ , $F_{0.05}(10,15) =$ _____ , $F_{0.95}(10,15) =$ _____ 。

2. 设总体 $X \sim \chi^2(n)$,$(X_1, X_2, \cdots, X_{10})$ 是来自总体 X 的样本,则 $\overline{EX} =$ _____ ,$\overline{DX} =$ _____ ,ES^2 _____ 。

3. 设总体 $X \sim N(\mu, \sigma^2)$,$(X_1, X_2, \cdots, X_n)$ 是来自总体 X 的一个样本,则 $\frac{1}{\sigma^2} \sum_{i=1}^{n} (X_i - \overline{X})^2 \sim$ _____ ,$\frac{1}{\sigma^2} \sum_{i=1}^{n} (X_i - \mu)^2 \sim$ _____ 。

4. 设随机变量 $X \sim N(0,1)$,$Y_1 \sim N(0,1)$,$Y_2 \sim N(0,1)$,且相互独立,则随机变量 $Z = \sqrt{2} X / \sqrt{Y_1^2 + Y_2^2} \sim$ _____ ,参数为 _____ 。

5. 设 $X \sim N(0,1)$,$Y \sim N(0,1)$,且相互独立,则 $Z = \frac{X^2}{Y^2}$ 服从 _____ 分布,参数为 _____ 。

6. 设随机变量 X 服从自由度为 (n_1, n_2) 的 F 分布,则随机变量 $Y = \frac{1}{X}$ 服从 _____ 分布,参数为 _____ 。

7. 设样本 $(X_1, X_2, \cdots, X_{10})$ 来自正态总体 $N(1, \sigma^2)$,$\overline{X}$ 和 S^2 分别是样本均值与样本方差。已知 $P(\overline{X} \leq 1, S^2 \leq \sigma^2) = \frac{1}{3}$,则 $P(S \leq \sigma) =$ _____ 。

二、选择题

1. 设 $X \sim N(0,1)$,对给定的 $\alpha \in (0,1)$,数 u_α 满足 $P(X > u_\alpha) = \alpha$。若 $P(|X| < x) = \alpha$,则 x 等于( )。

   (A) $u_{\frac{\alpha}{2}}$ (B) $u_{1-\frac{\alpha}{2}}$ (C) $u_{\frac{1-\alpha}{2}}$ (D) $u_{1-\alpha}$

2. 设 $X \sim N(0,1)$,$Y \sim N(0,1)$,则( )。

   (A) $X + Y$ 服从正态分布   (B) $X^2 + Y^2$ 服从 χ^2 分布

   (C) X^2 和 Y^2 都服从 χ^2 分布   (D) $\frac{X^2}{Y^2}$ 服从 F 分布

3. 样本 $(X_1, X_2, \cdots, X_n)$ $(n > 1)$ 来自正态总体 $X \sim N(0,1)$,则下面结论成立的有( )。

   (A) $\overline{X} \sim N(0,1)$ (B) $\overline{nX} \sim N(0,1)$ (C) $\sum_{i=1}^{n} X_i^2 \sim \chi^2(n)$ (D) $\frac{\overline{X}}{S} \sim t(n-1)$

4. 样本 $(X_1, X_2, \cdots, X_n)$ $(n > 1)$ 来自总体 $X \sim N(\mu, \sigma^2)$,则下面结论不成立的有:

   (A) $\overline{X}$ 与 S^2 相互独立   (B) $\overline{X}$ 与 $(n-1)S^2$ 相互独立

   (C) $\overline{X}$ 与 $\frac{1}{\sigma^2} \sum_{i=1}^{n} (X_i - \overline{X})^2$ 相互独立   (D) $\overline{X}$ 与 $\frac{1}{\sigma^2} \sum_{i=1}^{n} (X_i - \mu)^2$ 相互独立

5. 样本 $(X_1, X_2, \cdots, X_n)$ 来自总体 $X \sim N(\mu, \sigma^2)$,则 $DS^2 = ($)。

   (A) $\frac{\sigma^4}{n}$ (B) $\frac{2\sigma^4}{n}$

   (C) $\frac{\sigma^4}{n-1}$ (D) $\frac{2\sigma^4}{n-1}$

三、计算题

1. 设总体 X 服从参数为 λ 的泊松分布，$(X_1,X_2,\cdots,X_n)$ 是来自 X 的样本，试写出样本的联合分布律。

2. 样本 $(X_1,X_2,\cdots,X_n)$ 来自总体 X，X 的概率密度为

$$\psi(x) = \begin{cases} \lambda e^{-\lambda x} & x > 0 \\ 0 & x \leq 0 \end{cases}$$

试写出样本的联合分布密度。

3. 在总体 $X \sim N(52, 6.3^2)$ 中抽取一容量为 36 的样本，求样本均值落在 50.8 和 53.8 之间的概率。

4. 在总体 $X \sim N(12,4)$ 中随机抽出一容量为 5 的样本，求样本均值与总体均值之差的绝对值大于 1 的概率。

5. 从总体 $X \sim N(3.4,36)$ 中抽取容量为 n 的样本。如果要求其样本均值位于区间 $(1.4,5.4)$ 内的概率不小于 0.95，则样本容量 n 至少应取多大？

6. 求在总体 $X \sim N(12,4)$ 中随机抽取一容量为 5 的样本 $(X_1,X_2,\cdots,X_5)$，$P\{\sum_{i=1}^{5}(X_i-12)^2 > 44.284\}$。

7. 设总体 $X \sim N(\mu,\sigma^2)$，已知样本容量 $n=24$，样本方差 $s^2=12$，求总体标准差 σ 大于 3 的概率。

8. 设在总体 $X \sim N(\mu,\sigma^2)$ 中抽得样本容量为 16 的样本，这里 μ,σ^2 均未知。

（1）求 $P\{S^2/\sigma^2 \leq 2.041\}$；

（2）求 $D(S^2)$。

9. 求在总体 $X \sim N(20,3)$ 的容量分别为 10、15 的两个独立样本均值差的绝对值大于 0.3 的概率。

第8章 参数估计

实际工作中常常碰到随机变量(总体)的分布类型往往是大致知道,但确切的形式并不知道,亦即总体的参数未知。要求出总体的分布函数 $F(x)$(或密度函数 $f(x)$),就要根据样本提供的信息来估计总体的参数。这类问题称为参数估计。它通常有两种方法:一个是点估计,就是以某个统计量的观察值作为总体中未知参数的近似值;另一个是区间估计,就是把总体未知参数以一定的可能性确定在某一范围内。

8.1 点 估 计

设 $F(x,\theta)$ 是总体 X 的分布函数,θ 是未知参数。对未知参数 θ 的点估计就是要构造一个统计量 $\hat{\theta}(X_1,X_2,\cdots,X_n)$,用它的观察值 $\hat{\theta}(x_1,x_2,\cdots,x_n)$ 作为 θ 的一个近似值。这个统计量 $\hat{\theta}(X_1,X_2,\cdots,X_n)$ 称为 θ 的**估计量**,观察值 $\hat{\theta}(x_1,x_2,\cdots,x_n)$ 称为 θ 的**估计值**(θ 的估计量和估计值常常都简单地记为 $\hat{\theta}$)。有时一个总体 X 会有多个待估的未知参数,这就需要给出多个估计量估计不同的未知参数。因此,对参数 θ 的点估计就是如何给出一个估计量 $\hat{\theta}(X_1, X_2,\cdots,X_n)$,基于不同的理由给出一个估计量的方法有许多,这里只介绍矩估计法和极大似然估计法。

8.1.1 矩估计

设 X 为一总体,称 $EX^k(k=1,2,\cdots,n,\cdots)$ 为总体 X 的 k **阶原点矩**,称 $E(X-\bar{X})^k(k=1,2,\cdots n)$ 为总体 X 的 k **阶中心矩**。总体的 k 阶原点矩和 k 阶中心矩统称为**总体的 k 阶矩**。如果未知参数 θ 是总体各阶矩的连续函数 $\theta = h(EX,EX^2,\cdots,EX^m,E(X-EX)^2,E(X-EX)^3,\cdots,E(X-EX)^l)$,就用对应的样本的各阶矩的连续函数 $h(A_1,A_2,\cdots,A_m,B_2,B_3,\cdots,B_l)$ 作为 θ 的估计量 $\hat{\theta}$,并称 $\hat{\theta}$ 为 θ **矩估计量**,其中 $A_r = \frac{1}{n}\sum_{i=1}^{n}X_i^r(r=1,2,\cdots,m)$,$B_r = \frac{1}{n}\sum_{i=1}^{n}(X_i-\bar{X})^r(r=2,\cdots,l)$,$(X_1,X_2,\cdots,X_n)$ 是来自总体 X 的样本。特别地,用样本的一阶原点矩 $A_1 = \frac{1}{n}\sum_{i=1}^{n}X_i$ 作为总体 X 的数学期望 EX 的矩估计量,即样本均值 $\bar{X} = \frac{1}{n}\sum_{i=1}^{n}X_i$ 作为总体 X 的未知均值 EX 的矩估计量,用样本的二阶中心矩 $B_2 = \frac{1}{n}\sum_{i=1}^{n}(X_i-\bar{X})^2$ 作为总体 X 的未知方差 DX 的矩估计量。

由第4章4.1节的大数定律可知:**当样本容量 n 很大时,样本矩在对应的总体矩的附近取值的可能性很大**。还可以证明:如果函数 $h(t_1,t_2,\cdots,t_m,s_2,s_3,\cdots,s_l)$ 是连续函数,且当 n 很

大时,$h(a_1,a_2,\cdots,a_m,b_2,b_3,\cdots,b_l)$ 在
$$h(EX,EX^2,\cdots,EX^m,E(X-EX)^2,E(X-EX)^3,\cdots,E(X-EX)^l)$$
附近取值的可能性很大。这也是人们使用矩估计法的理由。

例 8.1.1 试写出正态总体 $X \sim N(\mu,\sigma^2)$ 未知参数 μ,σ^2 的矩估计量。

解 设 $(X_1,X_2,\cdots,X_n)$ 来自正态总体 $X \sim N(\mu,\sigma^2)$ 的样本,因为 $X \sim N(\mu,\sigma^2)$,则 $EX = \mu, DX = \sigma^2$,所以

$$\begin{cases} \hat{\mu} = \dfrac{1}{n}\sum_{i=1}^{n} X_i = \overline{X} \\ \hat{\sigma}^2 = \dfrac{1}{n}\sum_{i=1}^{n}(X_i - \overline{X})^2 = \dfrac{n-1}{n}S^2 \end{cases}$$

例 8.1.2 设总体 X 服从参数为 λ 的指数分布,试写出未知参数 λ 的矩估计量。

解 设 $(X_1,X_2,\cdots,X_n)$ 来自参数为 λ 的指数分布总体 X 的样本。因为总体 X 服从参数为 λ 的指数分布,则 $EX = \lambda$,所以

$$\hat{\lambda} = \dfrac{1}{n}\sum_{i=1}^{n} X_i = \overline{X}$$

例 8.1.3 试写出二项分布总体 $X \sim B(m,p)$ 未知参数 p(m 已知)的矩估计量。又设 $m = 20$,且得到样本的观察值为 $(1,2,3,0,0,2,2,1,3,2)$。试写出未知参数 p 的矩估计值(矩估计量的观察值称为矩估计值)。

解 设 $(X_1,X_2,\cdots,X_n)$ 来自二项分布总体 $X \sim B(m,p)$ 样本。因为总体 $X \sim B(m,p)$,$EX = mp$,$p = \dfrac{EX}{m}$,所以

$$\hat{p} = \dfrac{\dfrac{1}{n}\sum_{i=1}^{n} X_i}{m} = \dfrac{\overline{X}}{m}$$

用 Matlab 计算。

输入:
```
x=[1 2 3 0 0 2 2 1 3 2]
m=mean(x)
p=m/20
```

输出:
```
m =
1.6000
p = 0.0800
```

即

$$\hat{p} = \dfrac{1.6}{20} = 0.08$$

例 8.1.4 有一大批糖果,现从中抽取 16 袋,称得重量(单位:g)如下:506、508、499、503、504、510、497、512、514、505、493、496、506、502、509、496。若袋装糖果的重量近似服从正态分布 $N(\mu,\sigma^2)$,μ、σ^2 未知。求 μ、σ^2 的矩估计值。

解 μ 的矩估计量是样本均值 $\overline{X} = \frac{1}{n}\sum_{i=1}^{n} X_i$，$\sigma^2$ 的矩估计量是样本简单方差 $A_2 = \frac{1}{n}\sum_{i=1}^{n}(X_i - \overline{X})^2$。

用 Matlab 计算。

输入：

```
x = [506  508  499  503  504  510  497  512  514  505  493  496  506  502  509  496]
m = mean(x);
v = var(x);
a2 = 15/16*v
[m,a2]
```

输出：

```
ans =
503.7500    36.0625
```

即

$$\hat{\mu} = 503.75, \quad \hat{\sigma}^2 = 36.0625$$

例 8.1.5 设总体 X 的概率密度为 $f(x;\theta) = \begin{cases} \theta x^{\theta-1} & 0 < x < 1 \\ 0 & \text{其他} \end{cases}$，其中 θ 未知，且 $\theta > 0$。$(X_1, X_2, \cdots, X_{10})$ 为来自总体 X 的样本，$(0.14, 0.20, 0.17, 0.19, 0.21, 0.23, 0.16, 0.20, 0.25, 0.19)$ 为样本观察值。求 θ 的矩估计量和矩估计值。

解 设 $\mu_1 = EX = \int_{-\infty}^{+\infty} xf(x)\,\mathrm{d}x = \theta\int_0^1 x^\theta \mathrm{d}x = \frac{\theta}{\theta+1}$

解得 $\theta = \frac{\mu_1}{1-\mu_1}$

用 $\overline{X} = \frac{1}{n}\sum_{i=1}^{n} X_i$ 估计 μ_1，得到 θ 的矩估计量为

$$\hat{\theta} = \frac{\overline{X}}{1 - \overline{X}}$$

用 Matlab 计算 θ 的矩估计值。

输入：

```
x = [0.14  0.20  0.17  0.19  0.21  0.23  0.16  0.20  0.25  0.19]
m = mean(x)
y = m/(1-m)
```

输出：

```
m =
0.1940
y =
0.2407
```

即 θ 的矩估计值 $\hat{\theta} = 0.2407$。

矩估计法的优点是简单,没有充分利用总体分布及样本提供的信息是它的缺陷。

8.1.2 极大似然估计法

在总体分布类型已知的前提下,极大似然估计法克服了矩估计法的缺点,是一种比较理想的点估计方法。

极大似然估计法的思想是利用假设的试验结果(样本观察值)反推总体未知参数,即**在未知参数所有可能取值中选取一个使试验结果出现概率最大的参数作为被估计的参数的估计值**。根据大数定律一次试验就得到的结果应有较大的概率。具体来说就是:

若总体 X 为离散型随机变量,有分布律 $P(X=x)=p(x;\theta)$,其中 θ 是一个或多个未知参数。来自总体 X 的样本 $(X_1,X_2,\cdots,X_n)$ 的一组观察值为 $(x_1,x_2,\cdots,x_n)$,则样本的联合分布律在点 $(x_1,x_2,\cdots,x_n)$ 处的值为 $\prod_{i=1}^{n}p(x_i;\theta)$,记作 $L(x_1,x_2,\cdots,x_n;\theta)$,它是 θ 的函数,称为似然函数。极大似然估计法就是求 θ 的取值使似然函数达到最大值。由此得到 θ 的估计值 $\hat{\theta}(x_1,x_2,\cdots,x_n)$(称为 θ 的极大似然估计值),进而也得到 θ 的估计量 $\hat{\theta}(X_1,X_2,\cdots,X_n)$(称为 θ 的极大似然估计量)。

若总体 X 为连续型随机变量,它的概率密度是 $f(x;\theta)$,其中 θ 是未知参数,来自总体 X 的样本 $(X_1,X_2,\cdots,X_n)$ 的一组观察值为 $(x_1,x_2,\cdots,x_n)$,则样本的联合概率密度在点 $(x_1,x_2,\cdots,x_n)$ 处的值为 $\prod_{i=1}^{n}f(x_i;\theta)$,记作 $L(x_1,x_2,\cdots,x_n;\theta)$,它表示样本在点 $(x_1,x_2,\cdots,x_n)$ 附近取值的平均概率,且是 θ 的函数,称为似然函数。极大似然估计法就是求 θ 的取值使似然函数达到最大值。由此得到 θ 的估计值 $\hat{\theta}(x_1,x_2,\cdots,x_n)$(称为 θ 的极大似然估计值),进而也得到 θ 的估计量 $\hat{\theta}(X_1,X_2,\cdots,X_n)$(称为 θ 的极大似然估计量)。

如果 θ 是一个未知参数,则似然函数是 θ 的一元函数,如果 θ 表示多个未知参数,则似然函数是 θ 的多元函数。

下面通过具体的例题说明这种方法。

例 8.1.6 若总体 X 服从参数为 $\lambda\in(0,+\infty)$ 的泊松分布,试写出未知 λ 的极大似然估计值,极大似然估计量。

解 设 $(X_1,X_2,\cdots,X_n)$ 是来自总体 X 服从参数为 $\lambda\in(0,+\infty)$ 的泊松分布的样本,样本观察值为 $(x_1,x_2,\cdots,x_n)$。

因为总体 X 服从参数为 $\lambda\in(0,+\infty)$ 的泊松分布,所以 X 的概率函数为 $p(x)=\dfrac{\lambda^x}{x!}e^{-\lambda}$, $x=0,1,2\cdots$。似然函数为

$$L(x_1,x_2,\cdots,x_n;\lambda)=\prod_{i=1}^{n}\frac{\lambda^{x_i}}{x_i!}e^{-\lambda}=\left(\prod_{i=1}^{n}\frac{1}{x_i!}\right)\lambda^{\sum_{i=1}^{n}x_i}e^{-n\lambda}$$

因为 $L(x_1,x_2,\cdots,x_n;\lambda)$ 与 $\ln L(x_1,x_2,\cdots,x_n;\lambda)$(称为对数似然函数)有相同的极大值点,所以对 $\ln L(x_1,x_2,\cdots,x_n;\lambda)$ 求极大值点即可。对数似然函数为

$$\ln L(x_1,x_2,\cdots,x_n;\lambda)=-\sum_{i=1}^{n}\ln(x_i!)+(\ln\lambda)\sum_{i=1}^{n}x_i-n\lambda$$

上式两边对 λ 求导数,并令其为零,有

$$\frac{\mathrm{d}}{\mathrm{d}\lambda}\ln L(x_1,x_2,\cdots,x_n;\lambda) = \frac{1}{\lambda}\sum_{i=1}^{n}x_i - n = 0$$

得 λ 的极大似然估计值

$$\hat{\lambda} = \frac{1}{n}\sum_{i=1}^{n}x_i = \bar{x}$$

极大似然估计量为

$$\hat{\lambda} = \frac{1}{n}\sum_{i=1}^{n}X_i = \bar{X}$$

例 8.1.7 设 $X \sim f(x;\lambda) = \begin{cases} \dfrac{1}{\lambda}\mathrm{e}^{-\frac{1}{\lambda}x} & x>0 \\ 0 & x\leq 0 \end{cases}$ ($\lambda>0$)

求 λ 的极大似然估计值与极大似然估计量。

解 似然函数

$$L(x_1,x_2,\cdots,x_n;\lambda) = f(x_1;\lambda)f(x_2;\lambda)\cdots f(x_n;\lambda)$$

$$= \begin{cases} \prod_{i=1}^{n}\dfrac{1}{\lambda}\mathrm{e}^{-\frac{1}{\lambda}x_i} & x_1,x_2,\cdots,x_n>0 \\ 0 & \text{其他} \end{cases} = \begin{cases} \dfrac{1}{\lambda^n}\mathrm{e}^{-\frac{1}{\lambda}\sum_{i=1}^{n}x_i} & x_1,x_2,\cdots,x_n>0 \\ 0 & \text{其他} \end{cases}$$

由于 $L(x_1,x_2,\cdots,x_n;\lambda) \geq 0$,而 $L(x_1,x_2,\cdots,x_n;\lambda) = 0$ 不是极大值,故取 $L(x_1,x_2,\cdots,x_n;\lambda) = \dfrac{1}{\lambda^n}\mathrm{e}^{-\frac{1}{\lambda}\sum_{i=1}^{n}x_i}$ $(x_1,x_2,\cdots,x_n>0)$。

$\ln L = -n\ln\lambda - \dfrac{1}{\lambda}\sum_{i=1}^{n}x_i$,令 $a = \sum_{i=1}^{n}x_i$,用 Matlab 计算 $\dfrac{\mathrm{d}\ln L}{\mathrm{d}\lambda}$。

输入:
```
syms x a n
f = -n*log(x)+a/x
fdx=diff(f,x)
```
输出:
```
fdx =
- a/x^2 - n/x
```

即

$$\frac{\mathrm{d}\ln L}{\mathrm{d}\lambda} = -\frac{n}{\lambda} - \frac{1}{\lambda^2}\sum_{i=1}^{n}x_i$$

令

$$\frac{\mathrm{d}\ln L}{\mathrm{d}\lambda} = -\frac{n}{\lambda} - \frac{1}{\lambda^2}\sum_{i=1}^{n}x_i = 0$$

解得

$$\hat{\lambda} = \bar{x} = \frac{1}{n}\sum_{i=1}^{n}x_i$$

$\bar{x}$ 就是 λ 的极大似然估计值；λ 的极大似然估计量为

$$\hat{\lambda} = \bar{X} = \frac{1}{n}\sum_{i=1}^{n}X_i$$

例 8.1.8 某电子管的使用寿命(从开始用到初次失效为止)服从指数分布(概率密度见例 8.1.7)，今抽取一组样本，具体数据如下：

16　　29　　50　　68　　100　　130　　140　　270
280　　340　　410　　450　　520　　620　　190　　210
800　　1100

求 λ 的极大似然估计值？

解 根据例 8.1.7 的结果，$\hat{\lambda}=\bar{x}$ 为参数 λ 的极大似然估计值。

用 Matlab 计算 $\bar{x}$。

输入：

　　x=[16　29　50　68　100　130　140　270　280　340　410　450　520　620　190　210　800　1100]

　　m=mean(x)

输出：

　　m =
　　317.9444

即

$$\hat{\lambda} = 317.9444$$

也可以如下求。

输入：

　　x=[16　29　50　68　100　130　140　270　280　340　410　450　520　620　190　210　800　1100]

　　[muhat]=expfit(x)

输出：

　　muhat =
　　317.9444

即

$$\hat{\lambda} = 317.9444$$

注：[muhat,sigmahat]=expfit(x)指数分布的期望，标准差在数据组 x 下的极大似然估计值。binofit，unifit，poissfit，normfit 的用法类似

例 8.1.9 已知 X 服从正态分布 $N(\mu,\sigma^2)$，$(x_1,x_2,\cdots,x_n)$ 为 X 的一组样本观察值，试写出未知 μ,σ^2 的极大似然估计值，极大似然估计量。

解 总体 X 的分布密度为

$$f(x;\mu,\sigma^2) = \frac{1}{\sqrt{2\pi}\sigma}e^{-\frac{(x-\mu)^2}{2\sigma^2}}$$

因此，似然函数为

$$L(x_1,x_2,\cdots,x_n;\mu,\sigma^2) = \prod_{i=1}^{n}\frac{1}{\sqrt{2\pi}}\frac{1}{\sqrt{\sigma^2}}e^{-\frac{(x_i-\mu)^2}{2\sigma^2}} = \left(\frac{1}{\sqrt{2\pi}}\right)^n \left(\frac{1}{\sigma^2}\right)^{\frac{n}{2}} e^{-\frac{1}{2\sigma^2}\sum_{i=1}^{n}(x_i-\mu)^2}$$

对数似然函数为

$$\ln L = n\ln\left(\frac{1}{\sqrt{2\pi}}\right) - \frac{n}{2}\ln\sigma^2 - \frac{1}{2\sigma^2}\sum_{i=1}^{n}(x_i-\mu)^2$$

$$= n\ln\left(\frac{1}{\sqrt{2\pi}}\right) - \frac{n}{2}\ln\sigma^2 - \frac{1}{2\sigma^2}\left(\sum_{i=1}^{n}x_i^2 - 2\mu\sum_{i=1}^{n}x_i + n\mu^2\right)$$

用 Matlab 计算 $\frac{\partial \ln L}{\partial \mu}$ 和 $\frac{\partial \ln L}{\partial \sigma^2}$。

令

$$\sum_{i=1}^{n}x_i^2 = a, \sum_{i=1}^{n}x_i = b, \mu = s, \sigma^2 = t$$

输入:
```
syms s t a b n
f = n*log(1/pi^(1/2))-(n/2)*log(t)-1/2*1/t*(a-2*s*b+n*s^2)
fds = diff(f,s)
fdt = diff(f,t)
```

输出:
```
fds =
(b - n*s)/t
fdt =
((n*s^2)/2 - b*s + a/2)/t^2 - n/(2*t)
```

即

$$\begin{cases} \dfrac{\partial \ln L}{\partial \mu} = \dfrac{1}{\sigma^2}\sum_{i=1}^{n}(x_i-\mu) \\ \dfrac{\partial \ln L}{\partial \sigma^2} = -\dfrac{n}{2\sigma^2} + \dfrac{1}{2\sigma^4}\sum_{i=1}^{n}(x_i-\mu)^2 \end{cases}$$

解方程组

$$\begin{cases} \dfrac{1}{\sigma^2}\sum_{i=1}^{n}(x_i-\mu) = 0 \\ -\dfrac{n}{2\sigma^2} + \dfrac{1}{2\sigma^4}\sum_{i=1}^{n}(x_i-\mu)^2 = 0 \end{cases}$$

得极大似然估计值

$$\begin{cases} \hat{\mu} = \dfrac{1}{n}\sum_{i=1}^{n}x_i = \bar{x} \\ \hat{\sigma}^2 = \dfrac{1}{n}\sum_{i=1}^{n}(x_i-\hat{\mu})^2 = \dfrac{1}{n}\sum_{i=1}^{n}(x_i-\bar{x})^2 = \dfrac{n-1}{n}s^2 \end{cases}$$

极大似然估计量为

$$\begin{cases} \hat{\mu} = \dfrac{1}{n}\sum_{i=1}^{n} X_i = \overline{X} \\ \hat{\sigma}^2 = \dfrac{1}{n}\sum_{i=1}^{n}(X_i - \overline{X})^2 = \dfrac{n-1}{n}S^2 \end{cases}$$

8.2 区间估计

前面讨论的参数估计,是用某个统计量的值作为总体未知参数的真值的近似值。但在一次具体的估计中,估计值一般不等于未知参数的真值,那么估计值与真值以多大的可能性产生某一误差呢?区间估计就是讨论这个问题。下面的例子指出了区间估计的方法。

例 8.2.1 设总体 $X \sim N(\mu, \sigma^2)$,其中 σ^2 已知。$(X_1, X_2, \cdots, X_n)$ 为来自总体的一个样本。求一个区间,使之以95%的概率包含未知参数 μ。

解 由7.2抽样分布知道样本均值 $\overline{X} \sim N\left(\mu, \dfrac{\sigma^2}{n}\right)$,从而随机变量

$$U = \dfrac{\overline{X} - \mu}{\sigma/\sqrt{n}} \sim N(0,1)$$

若 $P(|U| < \lambda) = 0.95$ 则用 Matlab 很容易算出 $\lambda = 1.96$,于是

$$\begin{aligned} P\left(\left|\dfrac{\overline{X} - \mu}{\sigma/\sqrt{n}}\right| < 1.96\right) &= P\left(-1.96 < \dfrac{\mu - \overline{X}}{\sigma/\sqrt{n}} < 1.96\right) \\ &= P\left(\overline{X} - 1.96\dfrac{\sigma}{\sqrt{n}} < \mu < \overline{X} + 1.96\dfrac{\sigma}{\sqrt{n}}\right) \\ &= 0.95 \end{aligned}$$

即区间 $\left(\overline{X} - 1.96\dfrac{\sigma}{\sqrt{n}}, \overline{X} + 1.96\dfrac{\sigma}{\sqrt{n}}\right)$ 以95%的概率包含 μ。

从本例中可以看到所求的区间的两个端点都是随机变量,称这样的区间为**随机区间**。

同时也可知道,**区间估计就是要找一个随机区间,该区间以已知的概率可以覆盖被估计的未知参数**。其具体做法是:

找两个统计量 $\hat{\theta}_1(X_1, X_2, \cdots, X_n) < \hat{\theta}_2(X_1, X_2, \cdots, X_n)$,使

$$P(\hat{\theta}_1 < \theta < \hat{\theta}_2) = 1 - \alpha$$

区间 $(\hat{\theta}_1, \hat{\theta}_2)$ 称为 θ 的 $1-\alpha$ **置信区间**,$\hat{\theta}_1$ 及 $\hat{\theta}_2$ 分别称为置信区间的**下限**、**上限**。$1-\alpha$ 称为置信系数,也称为置信概率或置信度。而 α 是事先给定的一个小正数,它是指参数估计不准的概率。一般常给 $\alpha = 5\%$ 或 1%。

确定了一个未知参数的 $1-\alpha$ 置信区间,那么便知道了如果用置信区间内的数来估计未知参数,可以保证以 $1-\alpha$ 的概率使估计的误差不超过置信区间的长度。从而解决了本节一开始提出的问题。

8.2.1 正态总体期望值 EX 的区间估计

1. 方差 σ^2 已知,对 EX 的区间估计

设样本 $(X_1, X_2, \cdots, X_n)$ 来自正态总体 $N(\mu, \sigma^2)$

$$U = \frac{\overline{X} - \mu}{\frac{\sigma}{\sqrt{n}}} \sim N(0,1)$$

对于给定的 α,用 Matlab 可以确定 $u_{\alpha/2}$,使

$$P(|U| < u_{\alpha/2}) = 1 - \alpha$$

即

$$P\left(\left|\frac{\overline{X} - \mu}{\frac{\sigma}{\sqrt{n}}}\right| < u_{\alpha/2}\right) = 1 - \alpha$$

$$P\left(\overline{X} - \frac{\sigma}{\sqrt{n}} u_{\alpha/2} < \mu < \overline{X} + \frac{\sigma}{\sqrt{n}} u_{\alpha/2}\right) = 1 - \alpha$$

因此,μ 的置信度为 $1-\alpha$ 的置信区间是

$$\left(\overline{X} - \frac{\sigma}{\sqrt{n}} u_{\alpha/2}, \overline{X} + \frac{\sigma}{\sqrt{n}} u_{\alpha/2}\right)$$

将给定的样本观察值 $(x_1, x_2, \cdots, x_n)$ 代入置信区间,可以算出具体的置信区间,这种区间仍称为置信度为 μ 的 $1-\alpha$ 的置信区间。

例 8.2.2 已知某炼钢厂的铁水含碳量在正常生产情况下服从正态分布,其方差 $\sigma^2 = 0.108^2$。现在测定了 9 炉铁水,其平均含碳量为 4.484。按此资料计算该厂铁水平均含碳量的置信区间,并要求有 95% 的可靠性。

解 设该厂铁水平均含碳量为 μ,已知 $\alpha = 5\%$,所以 $u_{\alpha/2} = 1.96$,μ 的置信系数为 95% 的置信区间是

$$4.484 - \frac{0.108}{\sqrt{9}} \times 1.96, 4.484 + \frac{0.108}{\sqrt{9}} \times 1.96$$

即

(4.4134 , 4.5546)

2. 方差 σ^2 未知,对 EX 的区间估计

设样本 $(X_1, X_2, \cdots, X_n)$ 来自正态总体 $N(\mu, \sigma^2)$,由于 σ^2 未知,上述置信区间的公式便不能用。但由 7.2 节抽样分布知道

$$T = \frac{\overline{X} - \mu}{\frac{S}{\sqrt{n}}} = \frac{\sqrt{n}(\overline{X} - \mu)}{S} \sim t(n-1)$$

对于给定的 α,可确定具有 $n-1$ 个自由度的 t 分布分位点 $t_{\frac{\alpha}{2}}(n-1)$。

于是有 $P(|T| \geq t_{\frac{\alpha}{2}}(n-1)) = \alpha$,即

$$P\left(\left|\frac{\sqrt{n}(\overline{X}-\mu)}{S}\right| < t_{\frac{\alpha}{2}}(n-1)\right) = 1-\alpha$$

于是

$$P\left(\overline{X} - \frac{S}{\sqrt{n}}t_{\frac{\alpha}{2}}(n-1) < \mu < \overline{X} + \frac{S}{\sqrt{n}}t_{\frac{\alpha}{2}}(n-1)\right) = 1-\alpha$$

因此，μ 的 $1-\alpha$ 置信区间由下式确定：

$$\left(\overline{X} - \frac{S}{\sqrt{n}}t_{\frac{\alpha}{2}}(n-1), \overline{X} + \frac{S}{\sqrt{n}}t_{\frac{\alpha}{2}}(n-1)\right)$$

例 8.2.3 假定初生婴儿(男孩)的体重服从正态分布，随机抽样 12 名新生儿，测其体重(单位:g)为 1300,2520,3000,3000,3600,3160,3560,3320,2880,2600,3400,2540。试以 95% 和 90% 的置信系数估计新生男婴儿的平均体重。

解 设新生男婴儿体重 X，由于 X 服从正态分布，方差 σ^2 未知，

用 Matlab 计算 μ 的 95% 置信区间。

输入：

x = [1300 2520 3000 3000 3600 3160 3560 3320 2880 2600 3400 2540]

[muhat,sigmahat,muci,] = normfit(x)

输出：

muhat =
2.9067e+003
sigmahat =
629.8244
muci =
1.0e+003 *
2.5065
3.3068

即 μ 的 0.95 置信区间为 (2506.5, 3306.8)

再输入：

x = [1300 2520 3000 3000 3600 3160 3560 3320 2880 2600 3400 2540]

[muhat,sigmahat,muci,] = normfit(x,0.1)

输出：

muci =
1.0e+003 *
2.5801
3.2332

即 μ 的 0.90 置信区间为 (2580.1, 3233.2)

8.2.2 正态总体方差 σ^2 的区间估计

设样本 $(X_1, X_2, \cdots, X_n)$ 来自正态总体 $N(\mu, \sigma^2)$，由 7.2 节抽样分布可知，$\chi^2 = \frac{(n-1)S^2}{\sigma^2}$

服从自由度为 $n-1$ 个的 χ^2 分布,对于给定的 α,用 Matlab 都可以确定 a 和 b,使

$$P(a < \chi^2 < b) = P(a < \frac{(n-1)S^2}{\sigma^2} < b) = 1 - \alpha$$

因此 σ^2 的置信区间由下式确定:

$$P\left(\frac{(n-1)S^2}{b} < \sigma^2 < \frac{(n-1)S^2}{a}\right) = 1 - \alpha$$

在确定 a,b 时,一般取 $P(\chi^2 \leq a) = P(\chi^2 \geq b) = \frac{\alpha}{2}$

即

$$a = \chi^2_{1-\frac{\alpha}{2}}(n-1), b = \chi^2_{\frac{\alpha}{2}}(n-1)$$

因此 σ^2 的 $1-\alpha$ 置信区间为

$$\left(\frac{(n-1)S^2}{\chi^2_{\frac{\alpha}{2}}(n-1)}, \frac{(n-1)S^2}{\chi^2_{1-\frac{\alpha}{2}}(n-1)}\right)$$

例 8.2.4 根据例 8.2.3 中测得的数据对新生男婴儿体重的方差进行区间估计($\alpha = 0.05$)。

解 $\alpha = 0.05, n-1 = 11$,用 Matlab 计算:
输入:

```
a = chi2inv(0.975,11)
b = chi2inv(0.025,11)
[a,b]
```

输出:

```
ans =
21.9200    3.8157
```

再用 Matlab 计算 s^2
输入:

```
x = [1300  2520  3000  3000  3600  3160  3560  3320  2880  2600  3400
    2540]
var(x)
```

输出:

```
ans =
3.9668e+005
```

即 $s^2 = 396680$。于是 σ^2 的 0.95 置信区间为

$$\left(\frac{11 \times 396680}{21.92}, \frac{11 \times 396680}{3.8157}\right)$$

即

$$(199060, 1143600)$$

此题也可以直接用 Matlab 计算。
输入:

```
x = [1300  2520  3000  3000  3600  3160  3560  3320 2880  2600  3400
```

```
                                    2540]
            [muhat,sigmahat,sigmaci]=normfit(x)
```
输出：
```
    sigmaci =
    1.0e+003 *
      0.4462
      1.0694
```
即 s 的 0.95 置信区间为

(446.2,1069.4)

而 s^2 的 0.95 置信区间为

(199100,1143600)

注：[muhat,sigmahat,muci,sigmaci] = normfit(x,α) 求正态总体在样本 x 下期望和方差的置信度为 $1-\alpha$ 的置信区间,同时给出期望和方差的极大似然估计值。binofit, poissfit, unifit, expfit 的用法类似。当 $\alpha = 0.05$ 时,可以略掉。

习 题 8

一、填空题

1. 设总体 X 在区间 $[0,\theta]$ 上服从均匀分布,$(X_1,X_2,\cdots,X_n)$ 是来自总体 X 的样本,则参数 θ 的矩估计量为_____。

2. 设总体 X 的分布密度为

$$f(x) = \begin{cases} a(1-x)^{a-1} & 0 < x < 1 \\ 0 & 其他 \end{cases}$$

则 a 的矩估计量为_____。

3. 设某批产品的废品率为 p,从中随机抽取 75 件,发现废品 10 件,则 p 的极大似然估计值 $\hat{p} =$ _____。

4. 设总体 $X \sim N(\mu,\sigma^2)$,$(X_1,X_2,\cdots,X_n)(n \geq 3)$ 为来自总体 X 的样本。当用 $2\bar{X} - X_1$,$\bar{X}$ 及 $\frac{1}{5}X_1 + \frac{3}{10}X_2 + \frac{1}{2}X_3$ 作为 μ 的估计量时,方差最小的是_____。

5. 设来自正态总体 $X \sim N(\mu,0.9^2)$ 的容量为 9 的样本的均值 $\bar{x} = 5$,则未知参数 μ 的置信度为 0.95 的置信区间为_____。

二、选择题

1. 样本 $(X_1,X_2,\cdots,X_n)(n \geq 3)$ 取自总体 X,则下列估计量中哪个的期望值与总体期望值不相等。

(A) $\bar{X}$

(B) $X_1 + X_2 + \cdots + X_n$

(C) $0.1(6X_1 + 4X_n)$

(D) $X_1 + X_2 - X_3$

2. 假设总体 X 服从区间 $[0,\theta]$ 上的均匀分布,$(X_1,X_2,\cdots,X_n)$ 为来自总体的一个样本,则未知参数 θ 的极大似然估计量为：

(A) $\hat{\theta} = 2\bar{X}$

(B) $\hat{\theta} = \max\{X_1,X_2,\cdots,X_n\}$

(C) $\hat{\theta} = \min\{X_1, X_2, \cdots, X_n\}$ (D) $\hat{\theta}$ 不存在

3. 假设总体 X 的期望值 μ 的置信度是 0.95，置信区间下限、上限分别为 $a(X_1, X_2, \cdots, X_n)$，$b(X_1, X_2, \cdots, X_n)$ 的置信区间的意义是(   )。

(A) $P(a < \mu < b) = 0.95$ (B) $P(a < X < b) = 0.95$

(C) $P(a < \bar{X} < b) = 0.95$ (D) $P(a < \bar{X} - \mu < b) = 0.95$

4. 设一批零件的长度服从正态分布 $N(\mu, \sigma^2)$，其中 μ, σ^2 均未知。现从中随机抽取 16 个零件，测得样本均值 $\bar{x} = 20(\text{cm})$，样本标准差 $s = 1(\text{cm})$，则 μ 的置信度为 0.90 的置信区间是(   )。

(A) $20 - \frac{1}{4}t_{0.05}(16), \ 20 + \frac{1}{4}t_{0.05}(16)$ (B) $20 - \frac{1}{4}t_{0.1}(16), \ 20 + \frac{1}{4}t_{0.1}(16)$

(C) $20 - \frac{1}{4}t_{0.05}(15), \ 20 + \frac{1}{4}t_{0.05}(15)$ (D) $20 - \frac{1}{4}t_{0.1}(15), \ 20 + \frac{1}{4}t_{0.1}(15)$

三、计算题

1. 从某校初三的男同学中，随机抽取 10 人，测得体重(单位:kg)为
   47.5 40.25 42.5 50.0 45.5 42.5 41.0 50.25 45.5 45.0
   使用矩法估计该校初三的男同学体重的均值及方差。

2. 已知 $(X_1, X_2, \cdots, X_n)$ 为来自总体 X 的一个样本，X 在 $[0, \theta]$ 上服从均匀分布，用矩法求参数 θ 的估计；若样本的观察值为 0.3, 0.8, 0.27, 0.35, 0.62, 0.55，求 θ 的估计值。

3. 设 $(X_1, X_2, \cdots, X_n)$ 为总体 X 的一个样本，求当 X 的密度函数为以下函数时，其中未知参数的矩估计量。

(1) $f(x) = \begin{cases} \theta x^{\theta-1} & 0 < x < 1 \\ 0 & \text{其他} \end{cases}$ $\theta > 0$, θ 为未知参数。

(2) $f(x) = \begin{cases} \dfrac{x}{\theta^2} e^{-\frac{x^2}{2\theta^2}} & 0 < x \\ 0 & \text{其他} \end{cases}$ $\theta > 0$, θ 为未知参数。

(3) $f(x) = \begin{cases} \dfrac{1}{\theta} e^{-\frac{x-\mu}{\theta}} & \mu \le x \\ 0 & \text{其他} \end{cases}$ $\theta > 0$, θ, μ 为未知参数。

4. 求第 3 题中各未知参数的极大似然估计。

5. 设总体 X 的密度函数为
$$f(x) = \begin{cases} \dfrac{1}{\theta} e^{-\frac{x}{\theta}} & x \ge 0, \theta > 0 \\ 0 & \text{其他} \end{cases}$$
求：θ 的极大似然估计量 $\hat{\theta}$。

6. 设某种清漆的 9 个样品，其干燥时间(以 h 计)分别为
   6.0 5.7 5.8 6.5 7.0 6.3 5.6 6.1 5.0
设干燥时间总体服从正态分布 $N(\mu, \sigma^2)$，在以下两种情况求 μ 的置信度为 0.95 的置信区间。

(1) 若由以往经验知 $\sigma = 0.6(\text{h})$；

(2) 若 σ 未知。

7. 随机地取某种炮弹 9 发做实验,得炮口速度的标准差 $s=11(\text{m/s})$。设炮口速度服从正态分布。求这种炮弹的炮口速度的标准差 σ 的置信度为 0.95 的置信区间。

8. 某食品公司连续统计了 12 个月的猪肉销售量(单位:t)如下:
45　45.3　46　40　42.5　39.5　43　42.5　36　39　42　45

假设猪肉的销售量 X 服从正态分布,试求出总体均值和总体方差的置信度为 0.95 的置信区间。

第9章 假设检验

9.1 假设检验的原理

9.1.1 假设检验的原理与步骤

对总体的推断除了参数估计外,还有假设检验。假设检验是首先对总体的概率统计特征提出一个假设,记为 H_0,然后利用样本提供的信息,通过适当的统计量,对 H_0 进行检验,得出拒绝 H_0 或不拒绝 H_0 的结论,达到对总体进行推断的目的。**检验的依据是"小概率事件在一次试验中几乎不可能发生"的原理**。如果在假设 H_0 是真的情况下,由一次抽样得到的样本观察值,引起了一个不利于接受 H_0 的小概率事件发生,就自然地使人怀疑 H_0 的正确性,因而拒绝 H_0。反之,如果没有引起不利于接受 H_0 的小概率事件的发生,则不能拒绝 H_0。现举例来说明。

例 9.1.1 某产品有 100 件,其中有一些次品,但不知次品的数量,现在提出假设 H_0:其中 95 件是正品,在假设 H_0 是真的情况下,抽取一件产品是次品的概率为 0.05,这是一个小概率事件,如果抽取一件产品,竟然抽到的是次品,则自然要拒绝 H_0,即认为正品数不足 95 件。

例 9.1.2 根据长期的经验,某工厂的铜丝折断力为一随机变量,服从正态分布。机器正常工作时,折断力的均值为 570kg,标准差为 8kg,今从生产的大批铜丝中随机抽取 10 个样品,测得折断力(单位:kg)为 576,572,570,568,570,572,572,572,596,584,问现在机器是否正常工作?

若用 X 表示这一批钢丝折断力,则 $X \sim N(\mu, \sigma^2)$,其中 σ^2 为已知的 64。设 $(X_1, X_2, \cdots, X_{10})$ 为抽取的样本,其观察值为上面给出的数据。推断机器工作是否正常,就是判定 $\mu = 570$,还是 $\mu \neq 570$,为此可提出假设 $H_0: \mu = \mu_0 = 570$。在假设为真的情况下,依大数定律 $|\bar{x} - \mu_0|$ 取得较大的值的概率会较小。而 $U = \dfrac{\bar{X} - \mu_0}{\sigma/\sqrt{n}} \sim N(0, 1)$,如果认为 $\alpha = 0.05$ 为小概率,则由 $P(|U| \leq 1.96) = 0.95$,即 $P(|U| > 1.96) = 0.05$ ($1.96 = U_{\frac{\alpha}{2}}$)。可以认为 $|U| > 1.96$ 为一小概率事件,且有利于拒绝 H_0。今将一次抽取的样本观察值代入 U 得到其观察值 $U = \dfrac{575.2 - 570}{8/\sqrt{10}} = 2.0555$,因 $|U| = 2.0555 > 1.96$,故拒绝 H_0,即可以接受 H_1,认为机器工作不正常。

现将上面的讨论,归纳出假设检验问题的 4 个步骤:

第 1 步 提出假设 H_0。

H_0 称为原假设,又称为零假设,是要检验的对象。将 H_0 的对立面,称为备择假设,也称为备选假设,记作 H_1。如前例中设 $H_0: \mu = 570, H_1 \neq 570$,在提出 H_0 时同时给出 H_1,但也可以不写。

第 2 步　建立检验统计量。

建立检验统计量是假设检验中的重要环节。建立的统计量在 H_0 为真的情况下应服从常见的分布。如前例中,假设在 H_0 为真时,

$$U = \frac{\overline{X} - \mu}{8/\sqrt{n}} \sim N(0,1)$$

第 3 步　确定 H_0 的拒绝域。

首先确定小概率事件的标准 α,α 应视不同的问题而定,常取 0.05,0.025,0.01 等值,α 称为显著性水平。拒绝域是上述统计量的一个取值范围 B,统计量取值于 B 时的概率为 α,且有利于拒绝 H_0。如前例中,$P(|U|>u_{\alpha/2})=\alpha$,拒绝域为 $(-\infty, -U_{\frac{\alpha}{2}}) \cup (U_{\frac{\alpha}{2}}, +\infty)$。

拒绝域也可用样本空间的子集来表示,如上例中的拒绝域也可以表示成 $\{(X_1,\cdots,X_n)||U|>U_{\frac{\alpha}{2}}\}=D, P\{(X_1,\cdots,X_n)\in D\}=\alpha$

显然,显著性水平 α 的选取,会影响拒绝域,以致影响假设检验得出的结论。

第 4 步　做出推断。

将样本观察值代入统计量,如统计量的观察值或样本观察值属于拒绝域,则拒绝 H_0,否则不拒绝 H_0。拒绝 H_0,意味着接受 H_1;不拒绝 H_0,可以认为接受 H_0,但在解决实际问题时,为慎重起见,常再做抽样检验。

9.1.2　两类错误

在进行假设检验时,依据"小概率事件在一次试验中不应发生"的原理,当假设 H_0 为真时引起小概率事件发生,则拒绝 H_0,但是小概率事件的很难发生并不意味着决不发生,一旦小概率事件真的发生了,就会做出错误的判断——正确的原假设被拒绝。把出现的这类错误称为**第一类错误**或**弃真错误**。出现这类错误的概率就是小概率事件发生的概率,当给出了小概率的标准,即显著性水平 α 后,出现第一类错误的概率就是 α。此外在假设检验中还会出现另一种错误,即 H_0 是错误的,但由一次抽取的样本观察值没有引起小概率事件发生,我们由此却接受了 H_0。这一类错误称为第二类错误或**取伪错误**,发生第二类错误的概率记为 β。

为了直观地理解这两类错误,仅就例 9.1.2 的情形,作图说明如图 9-1-1 所示。设 U 的分布密度函数为 $f_n(x,\mu)$,当 H_0 为真时,设 $\mu=570=a$,H_0 不真时,假设 $\mu=b>570$。

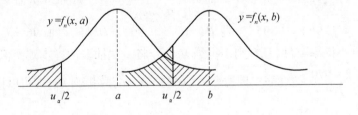

图 9-1-1

图中左斜线部分表示 α 的大小,右斜线部分表示 β 的大小。

在做检验时总希望做出的检验,能使犯两类错的概率都尽可能的小,最好是全为零,但由于 $X_1,\cdots,X_n$ 的随机性,在实际上是不可能的。当样本容量 n 一定时,犯两类错误的概率常

很难同时被控制,这点从图 9-1-1 中可以看出。要减少 α 的值,必然会增加 β 的值,反之亦然(n 的大小会影响密度曲线的"陡峭"程度,可同时改变 α 和 β 的值。)。

在假设检验中,把仅考虑控制弃真错误的概率 α 的检验称为显著性检验;把先固定弃真错误的概率 α,同时考虑使取伪错误的概率 β 尽可能小的检验称为有效性检验;把同时固定弃真与取伪错误的概率,考虑如何选取适当的样本容量的检验称为序贯检验。

序贯检验在实际问题中要求样本容量较大(若 α,β 控制得很小的话),这样会带来无法接受的付出,因此常常是不可行的。

在做显著性检验时,由于只给出了犯弃真错误的控制标准 α,故如何选取 H_0 就显得很重要。一般的可根据以下原则选取 H_0:

(1) 使后果严重的一类错误作为第一类错误,这样可以使有严重后果的错误的发生仅为一个小概率事件;

(2) 若希望从样本值取得对某一论断的支持时,把这一论断的对立面作为假设 H_0,这样接受这一论断的可能性较大;

(3) 把历史资料提供的论断作为 H_0。

本章主要涉及显著性检验和有效性检验的具体方法,不探讨如何选择 H_0 和序贯检验。

9.2 正态总体参数的假设检验

9.2.1 正态总体均值的假设检验

1. 方差 σ^2 已知,总体均值 μ 的假设检验

若在一次观察中,当必须对被检验事物做出明确的判断时,如例 9.1.2,由观察值算得的 $|U|>0.98$,按小概率原则,得到 H_0 的拒绝域为 $\{U||U|>u_{\alpha/2}\}$。

这类检验方法称为 **U 检验**。

由于拒绝域 $\{|U|>0.98\}=\{\mu_0<\overline{X}-1.96\dfrac{\sigma}{\sqrt{n}}\}\cup\{\mu_0>\overline{X}-1.96\dfrac{\sigma}{\sqrt{n}}\}$

分布在 u_0 的左右两侧,故这类检验也称为**双侧检验**。

在实际问题中,经常需要检验 $\mu>\mu_0$ 是否成立,如本例中为了提高钢丝的折断力,采用了一套新的操作工艺,要研究这套新操作工艺是否对产品性能有影响,由于改进了工艺,所关注的是产品的性能是否有所提高,故可设 $H_1:\mu>\mu_0$,检验假设

$$H_0:\mu\leq\mu_0, H_1:\mu>\mu_0$$

由于 $\overline{EX}=\dfrac{1}{n}\sum_{i=1}^{n}EX_i=\mu$,又由 H_1 可知,H_0 的拒绝域是由那些 $\overline{X}-\mu_0$ 偏大的值所确定的,而

$$U=\dfrac{\overline{X}-\mu_0}{\sigma/\sqrt{n}}<\dfrac{\overline{X}-\mu}{\sigma/\sqrt{n}}\sim N(0,1)$$

且

$$P\{U|U>u_\alpha\}=P\left\{\dfrac{\overline{X}-\mu_0}{\sigma/\sqrt{n}}>u_\alpha\right\}\leq P\left\{\dfrac{\overline{X}-\mu}{\sigma/\sqrt{n}}>u_\alpha\right\}=\alpha$$

故对给定的显著性水平 α,H_0 的拒绝域为 $\{U|U>u_\alpha\}$,且拒绝域在 u_α 的右侧(见图 9-2-1)

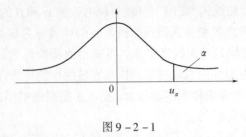

图 9-2-1

这类检验也称为**右侧检验**。

类似可定义**左侧检验** $H_0:\mu\geq\mu_0,H_1:\mu<\mu_0$

拒绝域为

$$\{U|U<-u_\alpha\}=\left\{\frac{\overline{X}-\mu_0}{\sigma/\sqrt{n}}<-u_\alpha\right\}$$

左侧和右侧检验统称**单侧检验**。

上节例 9.1.2 中已讨论过 U 检验的方法,这类检验是利用了统计量 $U=\dfrac{\overline{X}-\mu_0}{\sigma/\sqrt{n}}$ 来确定拒绝域。

在 Matlab 中 U 检验法由函数 ztest 来实现。调用格式如下:

$$[H,P,CI,zval]=ztest(X,\mu_0,\sigma,\alpha,Tail)$$

X 为样本,μ_0,σ 为总体的均值和均方差,α 为显著性水平,Tail 的取值为 0,1 或 -1。当 Tail = 0 时,备择假设为"$\mu\neq\mu_0$";当 Tail = 1 时,备择假设为"$\mu>\mu_0$";当 Tail = -1 时,备择假设为"$\mu<\mu_0$"。

H 的值为 0 或 1,当 $H=0$ 表示接受原假设;当 $H=1$ 表示拒绝原假设。P 为样本观察值的概率或 P 值,$P<\alpha$ 拒绝原假设,$P>\alpha$ 接受原假设。CI 为置信区间,μ_0 的值在置信区间内接受原假设,否则拒绝原假设。$zval$ 是统计量的值。

下面举例进一步说明假设检验的过程。

例 9.2.1 某仪表厂生产某种型号的电表,已知当耗电 100 度时电表的指示值服从正态分布 $N(100,1.15^2)$,现抽取 9 个进行检测,在耗电 100 度时,它们的指示值分别为 100.3,99.7,101.5,102.2,99.3,100.7,100.5,103.1,101.5,则此批生产的电表是否正常?($\alpha=0.05$)

解 当电表指示值的总体均值为 100 度时可认为是正常的。设 $H_0:\mu=100$,$H_1:\mu\neq 100$,已知 $n=9$,$\sigma=1.15$,$\alpha=0.05$,用 Matlab 计算得

$$u_{\alpha/2}=u_{0.025}=1.96$$

$$\overline{x}=\frac{1}{9}(100.3+99.7+101.5+102.2+99.3+100.7+100.5+103.1+100.5)=100.98$$

$$|u|=\left|\frac{\overline{x}-\mu_0}{\sigma/\sqrt{n}}\right|=\left|\frac{100.98-100}{1.15/3}\right|=2.5565>1.96$$

故拒绝 H_0,即此批生产的电表不正常。

本题可用 Matlab 计算如下。

输入:
```
x = [100.3  99.7  101.5  102.2  99.3  100.7  100.5  103.1  101.5]
[h,sig,ci,zval] = ztest(x,100,1.15)
```

输出:
```
h =
1
sig =
0.0107
ci =
100.2265  101.7291
zval =
2.5507
```

输出结果 $h=1$ 表示拒绝原假设 H_0($h=0$ 表示接受 H_0),即此批生产的电表不正常。sig 表示检验 p-值,它等于检验统计量取值大于其观察值的概率,如果它小于显著性水平,便发生了不利于接受 H_0 的小概率事件,故应拒绝 H_0(p-值小于 0.05 的结果称为统计显著的, p-值小于 0.01 的结果称为统计高度显著的)。

例 9.2.2 某种饮料每瓶中维生素含量服从正态分布,现在按新的营养标准要求平均每瓶含量必须大于 30mg 才为合格,现从中抽取 17 瓶,测得维生素含量分别为 30.9,32.1, 31.7,30.8,32.0,30.8,32.3,31.5,31.8,31.4,32.2,33,31.8,29.7,29.8,30.2, 30.5,$\sigma^2 = 4$,问这批饮料是否合格?($\alpha = 0.01$)

解 依题意设 $H_0: \mu \leq 30, H_1: \mu > 30$,这是右侧检验问题。

用 Matlab 计算。

输入:
```
x = [30.9  32.1  31,7  30.8  32.0  30.8  32.3  31.5  31.8  31.4  32.2  33  31.8  29.7  29.8  30.2  30.5]
[h,sig,ci,zval] = ztest(x,30,2,0.01,-1)
```

输出:
```
h =
0
sig =
0.4438
ci =
-Inf  31.0300
zval =
-0.1414
```

由输出知接受原假设 H_0,即此种饮料不合格。

2. 方差 σ^2 未知,总体均值 μ 的检验

设样本 $X_1, X_2, \cdots, X_{10}$,来自总体 $X \sim N(\mu, \sigma^2)$,且 μ, σ^2 未知,在显著性水平 α 下考虑检验问题 $H_0: \mu = \mu_0, H_1: \mu \neq \mu_0$ 的拒绝域。σ^2 未知,故 $U = \dfrac{\overline{X} - \mu_0}{\sigma/\sqrt{n}}$ 不再是统计量,从而不能用来

检验 H_0 了。

由 7.2 节可知用 S 代替 σ，得到的统计量 $T = \dfrac{\overline{X} - \mu_0}{S/\sqrt{n}}$ 当 H_0 成立时服从自由度为 $n-1$ 的 T 分布，即 $T \sim t(n-1)$，且 $|T|$ 的取值应该不大，由小概率原则对给定的显著性水平 α，用 Matlab 计算可得 $t_{\alpha/2}(n-1)$ 值，使得 $P\left\{\left|\dfrac{\overline{X} - \mu_0}{S/\sqrt{n}}\right| > t_{\alpha/2}(n-1)\right\} = \alpha$。从而得到 H_0 的拒绝域为 $\{T\,|\,|T| > t_{\alpha/2}(n-1)\}$。

若观察值满足 $|T| > t_{\alpha/2}(n-1)$，则拒绝 H_0，否则接受 H_0。这种检验方法称为 t 检验。

与 U 检验类似讨论

(1) 可知在显著性水平下，检验假设 $H_0: \mu \leq \mu_0, H_1: \mu > \mu_0$ 的拒绝域为 $\{T\,|\,T > t_\alpha(n-1)\}$；

(2) 检验假设 $H_0: \mu \geq \mu_0, H_1: \mu < \mu_0$ 的拒绝域 $\{T\,|\,T < -t_\alpha(n-1)\}$。这两类检验属于单侧 t 检验(即右侧和左侧 t 检验)。

在 Matlab 中 t 检验法由函数 ttest 来实现。调用格式如下

$$[H, P, CI] = ttest(X, \mu_0, \alpha, Tail)$$

各符号所代表的意义与 U 检验法相同。

例 9.2.3 从某工厂生产的活塞环中随机抽取 8 个，测得它们的直径分别为(单位：mm)

74.001 74.005 74.003 74.001 74.000 73.998 74.006 74.002，现已知活塞环直径服从正态分布 $N(\mu, \sigma^2)$，μ、σ^2 未知，能否认为活塞环的平均直径为 74.001mm？($\alpha = 0.05$)

解 依题意需检验假设

$$H_0: \mu = 74.001, \quad H_1: \mu \neq 74.001$$

用 Matlab 计算。

输入：

```
x = [74.001 74.003 74.005 74.001 74.000 73.998 74.006 74.002]
[h,sig,ci,tval] = ttest(x,74.001)
```

输出：

```
h =
0
sig =
0.3159
ci =
73.9998   74.0042
tval =
1.0801
df: 7
sd: 0.0026
```

由结果知 接受 H_0，可以认为活塞环的平均直径为 74.001mm。

注：$[h,sig,ci,zval]=ztest(x,mu,sigma,\alpha,\pm 1)$是在样本 x 下对正态总体方差已知期望的单侧假设检验,置信度为 $1-\alpha$。如是右侧检验则取 -1,如是左侧检验则取 $+1$,无 ± 1 表示双侧检验；如 $\alpha=0.05$,则可略去；输出 $h=0$,接受原假设 H_0,输出 $h=1$,拒绝原假设 H_0；Sig 为检验 p-值；ci 为期望的置信区间；$zval$ 是检验统计量取值。

$[h,sig,ci,tval]=ttest(x,mu,\alpha,\pm 1)$ 情况类似,只是对正态总体方差未知期望的单侧假设检验。

9.2.2 正态总体方差的假设检验

下面讨论正态分布的另一个参数即方差的假设检验问题。

设 $X_1,X_2,\cdots,X_n$ 是来自总体 X 的样本,其中 $X \sim N(\mu,\sigma^2)$,μ,σ^2 均未知,要在显著性水平为 α 时检验假设 $H_0:\sigma^2=\sigma_0^2,H_1:\sigma^2\neq\sigma_0^2$ 这里 σ_0^2 为已知常数。

当 H_0 成立时,S^2 的观察值 s^2 应在 σ_0^2 周围波动,因此可构造统计量 $\chi^2=\dfrac{(n-1)s^2}{\sigma_0^2}$,此时由第 7 章 7.2 节抽样分布已知

$$\chi^2 = \frac{(n-1)s^2}{\sigma_0^2} \sim \chi^2(n-1)$$

H_0 的拒绝域由 $\{\chi^2<k_1\}\cup\{\chi^2>k_2\}$ 决定,其中 k_1,k_2 满足 $P(x^2<k_1)+p(x^2>k_2)=\alpha$。

若设 $P(\chi^2<k_1)=\alpha_1,P(\chi^2>k_2)=\alpha_2$,则 $\alpha_1+\alpha_2=\alpha$。为了方便,常常取 $\alpha_1=\alpha_2=\dfrac{\alpha}{2}$。从而得 $k_1=\chi^2_{1-\alpha/2}(n-1)$,$k_2=\chi^2_{\alpha/2}(n-1)$,故 H_0 的拒绝域为 $\left\{\chi^2\mid \chi^2=\dfrac{(n-1)s^2}{\sigma_0^2}\leqslant\chi^2_{1-\alpha/2}(n-1)\right\}\cup\left\{\chi^2\mid \chi^2=\dfrac{(n-1)s^2}{\sigma_0^2}\geqslant\chi^2_{\alpha/2}(n-1)\right\}$（见图 9-2-2）。

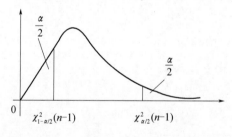

图 9-2-2

在显著性水平为 α 下考虑检验假设 $H_0:\sigma^2\geqslant\sigma_0^2,H_1:\sigma^2<\sigma_0^2$ 由于 S^2 和 σ^2 是在无限区间上估计,故 H_1 成立时,其拒绝域中包含的是那些相对于 σ_0^2 偏小的 S^2 的值。而 $\dfrac{(n-1)S^2}{\sigma_0^2}\leqslant\dfrac{(n-1)S^2}{\sigma^2}\sim\chi^2(n-1)$,故对于显著性水平 α,$\dfrac{(n-1)S^2}{\sigma_0^2}<\chi^2_{1-\alpha}(n-1)$ 时,必有 $\dfrac{(n-1)S^2}{\sigma^2}<\chi^2_{1-\alpha}(n-1)$,又 $P\left\{\dfrac{(n-1)S^2}{\sigma^2}<\chi^2_{1-\alpha}(n-1)\right\}=\alpha$,因此有 $P\left\{\dfrac{(n-1)S^2}{\sigma_0^2}<\chi^2_{1-\alpha}(n-1)\right\}=\alpha$。

由此确定 H_0 的拒绝域为

$$\left\{\chi^2 \mid \chi^2 = \frac{(n-1)s^2}{\sigma_0^2} < \chi_{1-\alpha}^2(n-1)\right\}$$

类似地对于检验假设 $H_0: \sigma^2 \leq \sigma_0^2, H_1: \sigma^2 > \sigma_0^2$
其拒绝域为

$$\left\{\chi^2 \mid \chi^2 = \frac{(n-1)s^2}{\sigma_0^2} > \chi_\alpha^2(n-1)\right\}$$

以上检验法称为 χ^2 检验法。

例 9.2.4 在例 9.2.3 中若据长期经验知总体方差 $\sigma^2 = 2.61 \times 10^{-3} (\text{mm}^2)$，试推断这批活塞环直径大小波动是否发生了显著变化？（$\alpha = 0.02$）

解 依题意，要在显著性水平 $\alpha = 0.02$ 下检验假设 $H_0: \sigma^2 = 2.61 \times 10^{-3}, H_1: \sigma^2 \neq 2.61 \times 10^{-3}$

用 Matlab 计算。
输入：
```
n=8;sigma=2.61*10^(-3);
x=[74.001 74.003 74.005 74.001 74.000 73.998 74.006 74.002];
s=std(x);
chi2val=(n-1)*s^2/sigma^2;
chi21=chi2inv(0.99,7);
chi22=chi2inv(0.01,7);
if chi21<chi2val<chi22
h=0
else
h=1
end
[chi2val chi21 chi22]
```
输出：
```
h =
0
ans =
7.0463    1.2390    18.4753
```

由结果知接受 H_0，即这批活塞环直径大小没有发生显著变化。

例 9.2.5 某厂生产的铜丝，要求其拉断力的方差不超过 $16(\text{kg}^2)$，今从某日生产的铜丝随机抽取 9 根，测得其拉断力如下（单位：kg）：

289 286 285 284 286 285 286 298 292

设拉断力总体服从正态分布，问该日生产的铜丝的拉断力的方差是否合乎标准？（$\alpha = 0.05$）

解 这是一个正态总体、期望未知方差的单侧检验问题，即

$$H_0: \sigma^2 \leq \sigma_0^2 = 16, H_1: \sigma^2 > \sigma_0^2 = 16$$

用 Matlab 计算。
输入：
```
x=[289 286 285 284 286 285 286 298 292]
```

```
n = 9;sigma = 4
s = std(x);
chi2val = (n-1)*s^2/sigma^2;
chi21 = chi2inv(0.95,8);
if chi21 < chi2val
h = 1
else
h = 0
end
[chi2val chi21]
```

输出：
```
h =
0
ans =
10.1806  15.5073
```

由结果知接受 H_0，即认为该日生产的铜丝的拉断力的方差合乎标准。

习 题 9

一、填空题

1. 小概率事件原理是指_____。

2. 假设检验中，当原假设 H_0 成立时却拒绝 H_0，则称犯了_____错误。

3. 设总体 $X \sim N(\mu, \sigma^2)$，σ^2 已知，选取样本 $(X_1, X_2, \cdots, X_n)$，要检验假设 $H_0: \mu = \mu_0$，则应选取统计量_____。

4. 设样本 $(X_1, X_2, \cdots, X_n)$ 来自总体 $N(\mu, \sigma^2)$，μ 未知，设 $H_0: \sigma = \sigma_0, H: \sigma \neq \sigma_0$，则在显著性水平 α 下，选取统计量_____，H_0 的拒绝域为_____。

5. 设总体 $X \sim N(\mu, 1)$，μ 未知。$\alpha = 0.05$，$n = 16$，原假设 $H_0: \mu = 5.5$，$H_1: \mu \neq 5.5$，已知由一样本得 $\bar{X} = 5.20$，则参数 μ 的一个置信水平为 0.95 的置信区间为_____，此对应_____H_0。

6. 设总体 $X \sim N(\mu, \sigma^2)$，σ^2 未知，原假设 $H_0: \mu = \mu_0$，若接受域为 $[(-t_{\frac{\alpha}{2}},(n-1), t_{\frac{\alpha}{2}}(n-1)]$ 则备择假设 H_1 为_____。若拒绝域为 $(-\infty, -t_\alpha(n-1))$，则备择假设 H_1 为_____。

7. 设 $X_1, X_2, \cdots, X_{10}$，是来自总体 $X \sim N(\mu, \sigma^2)$ 的样本，μ, σ 未知，已知 $B^2 = \sum_{i=1}^{10}(X_i - \bar{X})^2 = 681.21$ 检验假设 $H_0: \sigma^2 = 64, H_1: \sigma^2 \neq 64$，显著性水平 $\alpha = 0.05$，利用统计量_____检验，H_0 拒绝域为_____。

二、选择题

1. 设 H_0 为原假设，则犯第二类错误是指（   ）
   (A) H_0 成立，经检验接受 H_0　　　　(B) H_0 成立，经检验拒绝 H_0
   (C) H_0 不成立，经检验接受 H_0　　　(D) H_0 不成立，经检验接受 H_0

2. 假设检验中为减少犯两次错误的概率,以下一定不正确的是( )。

(A) 适当加大样本容量

(B) 尽量减少犯第一类错误的概率

(C) 选取最优的统计量

(D) 控制犯第一类错误的概率,尽量减少犯第二类错误的概率

3. 设某厂生产的瓶盖直径服从正态分布 $N(\mu,1.1^2)$,现抽取容量为 6 的样本,测得 $\overline{X} = 31.29(mm)$,设 $H_0:\mu = 32.50$,$\alpha = 0.05$,则下列结论正确的是( )。

(A) 拒绝域为 $|U| > \mu_{0.05}$,此时应接受 H_0

(B) 拒绝域为 $|U| > \mu_{0.025}$,此时应拒绝 H_0

(C) 拒绝域为 $|U| > \mu_{0.05}$,此时应拒绝 H_0

(D) 拒绝域为 $|U| < \mu_{0.025}$,此时应拒绝 H_0

4. 设 $(X_1,X_2,\cdots,X_{12})$,是来自总体 $N(\mu,\sigma^2)$ 的一个样本,μ 已知,假设 $H_0:\sigma^2 \leq \sigma_0^2$,则在显著性水平 $\alpha = 0.01$ 下,H_0 的拒绝域是( )。

已知 $\chi_{0.005}^2(12) = 28.299$,$\chi_{0.01}^2(12) = 26.217$,$\chi_{0.005}^2(11) = 26.757$,$\chi_{0.01}^2(11) = 24.725$

(A) $\chi^2 > 28.299$ (B) $\chi^2 > 26.217$

(C) $\chi^2 > 24.725$ (D) $26.217 < \chi^2 < 28.299$

5. 自动装袋机装出的每袋重量服从正态分布,规定每袋重量的方差不超过 a,为了检验袋装机的生产是否正常,对它生产的产品进行抽样检验,取原假设 $H_0:\sigma^2 \leq a$,显著性水平 $\alpha = 0.05$,则下列命题中正确的是( )。

(A) 如果生产正常,则检验结果也认为正常的概率等于 0.95

(B) 如果生产不正常,则检验结果也认为不正常的概率等于 0.95

(C) 如果检验结果认为生产正常,则生产确实正常的概率等于 0.95

(D) 如果检验结果认为生产不正常,则生产确实不正常的概率等于 0.95

三、计算

1. 某电器零件的平均电阻一直保持在 2.64Ω,均方差保持在 0.06Ω,改变加工工艺后,测得 100 个零件,其平均电阻为 2.62Ω,均方差不变,问新工艺对此零件的电阻有无显著差异? 取显著性水平 $\alpha = 0.01$。

2. 某批矿砂的 5 个样本中的含镍量,经测定为(%)3.25,3.27,3.24,3.26,3.24,设测定值总体服从正态分布,问在 $\alpha = 0.01$ 下能否认为这批矿砂的镍含量的均值为 3.25。

3. 已知用精料养鸡时,经过若干月,鸡的平均重量为 2kg,今对一批鸡改用新配方复合饲料,经过同样长的时间,随机抽调 10 只,测得重量数据如下(单位:kg)2.2, 2.1, 1.9, 1.8 2.0, 2.1, 1.7, 2.0, 2.1, 1.9。求:

(1) 若鸡的重量的标准差为 $\sigma = 0.20$,问这批鸡的平均重量是否有所提高。

(2) 若鸡的重量的标准差未知,问这批鸡平均重量是否有所提高?($\alpha = 0.1$,鸡的重量可以认为服从正态分布)

4. 下面列出的是某工厂随机选取的 20 只部件的装配时间(min):9.8,10.4,10.6,9.6, 9.7 设装配时间的总体服从正态分布 $N(\mu,\sigma^2)$,μ,σ^2 均未知,是否可以认为装配时间的均值显著地大于 10(取 $\alpha = 0.05$)?

5. 调查两个不同渔场的马面鲍体长,每一渔场调查20条,平均体长分别为$\bar{x}_1 = 19.8\text{cm}$, $\bar{x}_2 = 18.5\text{cm}; \sigma_1 = \sigma_2 = 7.2\text{cm}$,问在 $\alpha = 0.05$ 水平下,第一号渔场的马面鲍体长是否显著长于第二号渔场的?

6. 某种灌装商品的重量服从正态分布,今抽出 10 罐,检验重量分别是(单位:g):510,485,505,515,505,490,495,520,515,490,能否认为灌装商品重量的标准差为 $\sigma = 75\text{g}$ ($\alpha = 0.05$)。

第10章 方差分析与线性回归分析

方差分析与线性回归分析是数理统计的重要内容,有着广泛的应用。本章仅涉及单因素方差分析和一元线性回归。

10.1 单因素方差分析

在生产实践和科学研究中经常遇到这样的问题:影响产品的产量、质量的因素很多,例如,影响某种农作物单位面积产量就有品种、施肥量、施肥种类、种植密度等许多因素,其中有些因素影响较大,有些则较小。需要了解的是,在这么多因素中,哪些因素对产品的产量、质量影响是显著的。方差分析就是根据试验观测到的数据对这类问题进行统计分析并给出判断的有效方法。

在方差分析中把所考察的试验结果,如产品的产量、质量、成本等,统称为指标,用 X 表示,由于试验误差的存在,故 X 是随机变量,称影响某个指标的原因为因素(或因子),常用 $A,B,C\cdots$ 来表示;称因素在试验中所处的不同状态为水平,因素 A 的 m 个不同水平用 A_1, $A_2,\cdots,A_m$ 来表示。当仅考虑一个因素时,称相应的方差分析为单因素方差分析,当考虑两个因素时,称相应的方差分析为双因素方差分析,当考虑更多个因素时,称相应的方差分析为多因素方差分析。本章仅讨论单因素方差分析问题。

先举一个例子看一看单因素方差分析是怎么解决问题的。

例 10.1.1 为寻找适应某一地区的高产油菜品种,选取 5 种不同的品种进行试验,每一品种都在 4 块试验田上试种,得到每一块田上的亩产量见表 10-1-1。

表 10-1-1

田块 \ 品种	A_1	A_2	A_3	A_4	A_5
1	256	244	250	288	206
2	222	300	277	280	212
3	280	290	230	315	220
4	298	275	322	259	212

问各个不同品种的平均亩产量是否有显著差异。

在本例中只考虑了品种这一因素 A 对亩产量的影响,5 个不同的品种即为该因素的 5 个不同水平(分别记为 A_1,A_2,A_3,A_4,A_5),由于同一品种在不同田地上的亩产量有所不同,可以认为一个品种的亩产量就是一个总体,在方差分析中总假定各总体相互独立且服从同方差的正态分布,即第 i 个品种的亩产量是一个随机变量,它服从分布 $N(\mu_i,\sigma^2)$,$i=1,2,3,4,5$。试验的目的可以归结为检验如下假设

$$H_0: \mu_1 = \mu_2 = \mu_3 = \mu_4 = \mu_5$$

是否成立。若拒绝了假设 H_0，就认为这 5 个品种的平均亩产量之间有显著差异；反之就认为各品种平均亩产量之间的无显著差异，产量的不同是由随机因素引起的。因此，方差分析就是检验同方差的若干正态总体均值是否相等的一种统计方法。

为了给出假设检验的统计量，设在某试验中因素 A 有 p 个不同水平 $A_1, A_2, \cdots, A_p$，在 A_i 水平下试验结果 X_i 服从 $N(\mu_i, \sigma^2)$, $i = 1, 2, \cdots, p$，且 $X_1, X_2, \cdots, X_p$ 之间相互独立。现在 A_i 水平下做了 n_i 次试验，获得的 n_i 个试验结果记为 $X_{ij}, j = 1, 2, \cdots, n_i$，这可以看成是取自 X_i 的一个容量为 n_i 的样本所取的值，将 X_i 的样本 $X_{i1}, X_{i2}, \cdots, X_{in_i}, i = 1, 2, \cdots, p$，放在一起可以构成联合样本 $(X_{11}, X_{12}, \cdots, X_{1n_1}; X_{21}, X_{22}, \cdots, X_{2n_2}; \cdots; X_{p1}, X_{p2}, \cdots, X_{pn_p})$。如果 $\mu_1, \mu_2, \cdots, \mu_p$ 不全相同（即假设不真）将会反映在联合样本的分量 X_{ij} 取值的不同上，此时 $S = \sum_{i=1}^{p} \sum_{j=1}^{n_i} (X_{ij} - \overline{X})^2$ 也较大，其中 $\overline{X} = \frac{1}{n} \sum_{i=1}^{p} \sum_{j=1}^{n_i} X_{ij}, n = \sum n_i$，称 S 为联合样本的总偏差平方和，$\overline{X}$ 为联合样本的均值，n 为联合样本的样本容量。但不能仅从 S 比较大或是小来断定 $\mu_1, \mu_2, \cdots, \mu_p$ 不全相同，因为即使 $\mu_1, \mu_2, \cdots, \mu_p$ 全都相同，由于样本的随机性 S 也可能会取较大值。为刻画这两种情况，把总偏差平方和 S 做以下分解：

$$\begin{aligned} S &= \sum_{i=1}^{p} \sum_{j=1}^{n_i} (X_{ij} - \overline{X})^2 \\ &= \sum_{i=1}^{p} \sum_{j=1}^{n_i} (X_{ij} - \overline{X}_{i\cdot} + \overline{X}_{i\cdot} - \overline{X})^2 \\ &= \sum_{i=1}^{p} \sum_{j=1}^{n_i} (X_{ij} - \overline{X}_{i\cdot})^2 + \sum_{i=1}^{p} \sum_{j=1}^{n_i} (\overline{X}_{i\cdot} - \overline{X})^2 + 2 \sum_{i=1}^{p} \left[(\overline{X}_{i\cdot} - \overline{X}) \sum_{j=1}^{n_i} (X_{ij} - \overline{X}_{i\cdot}) \right] \\ &= \sum_{i=1}^{p} \sum_{j=1}^{n_i} (X_{ij} - \overline{X}_{i\cdot})^2 + \sum_{i=1}^{p} n_i (\overline{X}_{i\cdot} - \overline{X})^2 \end{aligned}$$

其中 $\overline{X}_i = \frac{1}{n_i} \sum_{j=1}^{n_i} X_{ij}$，且交叉乘积项为 0（因为 $\sum_{j=1}^{n_i} (X_{ij} - \overline{X}_{i\cdot}) = \sum_{j=1}^{n_i} X_{ij} - n_i \overline{X}_{i\cdot} = 0$）。若记

$$S_A = \sum_{i=1}^{p} n_i (\overline{X}_{i\cdot} - \overline{X})^2, \quad S_e = \sum_{i=1}^{p} \sum_{j=1}^{n_i} (X_{ij} - \overline{X}_{i\cdot})^2$$

则

$$S = S_e + S_A$$

由

$$\begin{aligned} S_e &= \sum_{i=1}^{p} \sum_{j=1}^{n_i} (X_{ij} - \overline{X}_{i\cdot})^2 \\ &= \sum_{j=1}^{n_1} (X_{1j} - \overline{X}_{1\cdot})^2 + \cdots + \sum_{j=1}^{n_i} (X_{ij} - \overline{X}_{i\cdot})^2 + \cdots + \sum_{j=1}^{n_p} (X_{pj} - \overline{X}_{p\cdot})^2 \end{aligned}$$

共有 p 项，其中的第 i 项 $\sum_{j=1}^{n_i} (X_{ij} - \overline{X}_{1\cdot})^2$ 是联合样本第 i 组随机变量 $X_{i1}, X_{i2}, \cdots, X_{in_i}$ 的偏差平方和，即随机变量 X_i 的样本 $X_{i1}, X_{i2}, \cdots, X_{in_i}$ 的偏差平方和，它是由抽样的随机性造成的，与

μ_i 大小基本上没关系。因此 S_e 是联合样本中 p 组随机变量的偏差平方和的和,它是由抽样的随机性造成的,与 $\mu_1,\mu_2,\cdots,\mu_p$ 是否相同基本上没有关系,或者说它反映了误差的波动,称它为误差的偏差平方和(或组内平方和)。而 S_A 是联合样本中各组随机变量的均值与联合样本的均值的偏差平方和,称 S_A 为因素 A 的偏差平方和。与 S_e 不同,形成 S_A 的原因除了抽样的随机性外,若 $\mu_1,\mu_2,\cdots,\mu_p$ 不全相同,这个差异也要从 S_A 的大小反映出来,一般 $\mu_1,\mu_2,\cdots,\mu_p$ 之间差异越大,则 $\overline{X}_{i.}$ 与 $\overline{X}$ 的差距就越大,自然 S_A 的取值就较大。由 X_i 服从 $N(\mu_i,\sigma^2)$,$i=1,2,\cdots,p$,且 $X_1,X_2,\cdots X_p$ 之间相互独立,不难得出

$$ES_e = E\sum_{i=1}^{p}\sum_{j=1}^{n_i}(X_{ij}-\overline{X}_{i.})^2 = \left(\sum_{i=1}^{p}n_i - p\right)\sigma^2 = (n-p)\sigma^2$$

$$ES_A = E\sum_{i=1}^{p}n_i(\overline{X}_{i.}-\overline{X})^2 = \sum_{i=1}^{p}n_i(\mu_i-\mu)^2 + (p-1)\sigma^2$$

其中的 $\mu = \frac{1}{p}\sum_{i=1}^{p}\mu_i$,可见 $\frac{S_e}{(n-p)}$ 为 σ^2 无偏估计(期望值等于被估计参数的实际值的估计量称为参数的无偏估计量),且在假设 $H_0:\mu_1=\mu_2=\cdots=\mu_p$ 成立时,因为 $\mu=\mu_i$,$i=1,2,\cdots,p$,所以 $\frac{S_A}{(p-1)}$ 也是 σ^2 的无偏估计。因此和 $\frac{S_e}{(n-p)}$ 比较,如果 $\frac{S_A}{(p-1)}$ 不大,只能认为 S_A 是由于抽样的随机性形成的,从而接受 $H_0:\mu_1=\mu_2=\cdots=\mu_p$。反之若和 $\frac{S_e}{(n-p)}$ 比较,$\frac{S_A}{(p-1)}$ 很大,便有理由怀疑 S_A 不完全是由抽样随机性造成的,认为 $\mu_1,\mu_2,\cdots,\mu_p$ 并不完全相等,即拒绝 $H_0:\mu_1=\mu_2=\cdots=\mu_p$。

从以上的分析可看出 $\dfrac{\frac{S_A}{(p-1)}}{\frac{S_e}{(n-p)}}$ 的大小对做出怎样的判断非常重要。可以证明在假设 $H_0:\mu_1=\mu_2=\cdots=\mu_p$ 成立时,$\frac{S}{\sigma^2},\frac{S_e}{\sigma^2},\frac{S_A}{\sigma^2}$ 分别服从自由度为 $n-1,n-p,p-1$ 的 χ^2 分布,故

$$F = \frac{(n-p)S_A}{(p-1)S_e} = \frac{\dfrac{S_A}{\sigma^2(p-1)}}{\dfrac{S_e}{\sigma^2(n-p)}}$$

服从第一自由度为 $p-1$,第二自由度为 $n-p$ 的 F 分布。按照显著性假设检验的程序,对给定的显著性水平 α,当

$$F = \frac{(n-p)S_A}{(p-1)S_e} > F_\alpha(p-1, n-p)$$

就拒绝 $H_0:\mu_1=\mu_2=\cdots=\mu_p$,并认为各个水平的影响在 α 显著性水平上有显著差异,否则接受 $H_0:\mu_1=\mu_2=\cdots=\mu_p$。

这里只取了单侧分位点,是因为 F 值如果很小,即便是小概率事件也有利于支持 H_0,而由前面分析 F 的取值,在 H_0 为真的情况下,应在 1 的附近浮动,而 F 分布的分位点总是大于 1 的,所以 F 值愈大于分位点的值愈有利于拒绝 H_0。

在计算 S, S_A, S_e 时常用下面的公式，令

$$a = \sum_{i=1}^{p}\sum_{j=1}^{n_i} X_{ij}, b = \sum_{i=1}^{p}\frac{1}{n}\left(\sum_{j=1}^{n_i} X_{ij}\right)^2, c = \sum_{i=1}^{p}\sum_{j=1}^{n_i} X_{ij}^2,$$

则有

$$S_A = b - \frac{a^2}{n}, S_e = c - b, S = c - \frac{a^2}{n}$$

在例 10.1.1 中经计算 $p = 5, n_1 = n_2 = n_3 = n_4 = n_5 = 4, n = \sum_{i=1}^{5} n_i = 20$，取 $\alpha = 0.05$，查 F 分布表得 $F_\alpha(4,15) = 3.06$，由于 $F = 4.31 > F_\alpha(4,15) = 3.06$，因此拒绝假设 H_0，认为不同品种的油菜对产量有显著影响。

方差分析的 Matlab 命令：

p = anova1(X)　　% X 的各列为彼此独立的样本观察值，其元素个数相同，p 为各列均值相等的概率值，若 p 值接近于 0，则原假设受到怀疑，说明至少有一列均值与其余列均值有明显不同。

p = anova1(X,group)　　% X 和 **group** 为向量且 **group** 要与 **X** 对应

p = anova1(X,group,'displayopt')　　% displayopt = on/off 表示显示与隐藏方差分析表图和盒图

[p,table] = anova1(…)　　% table 为方差分析表

[p,table,stats] = anova1(…)　　% stats 为分析结果的构造

说明：anova1 函数产生两个图：标准的方差分析图 10-1-1 和图 10-1-2。方差分析表中有 6 列：第 1 列(source)显示：X 中数据可变性的来源；第 2 列(SS)显示：用于每一列的平方和；第 3 列(df)显示：与每一种可变性来源有关的自由度；第 4 列(MS)显示：是 SS/df 的比值；第 5 列(F)显示：F 统计量数值，它是 MS 的比率；第 6 列显示：从 F 累积分布中得到的概率，当 F 增加时，p 值减少。盒图显示了每列数据的最大值，最小值，中位数等数值。

上述问题可用 Matlab 来分析。

输入：

　　x = [256 222 280 298; 244 300 290 275; 250 277 230 322; 288 280 315 259; 206 212 220 212];

　　p = anova1(x')

结果输出：

　　p =

　　0.0162

方差分析图 10-1-1。

```
Source      SS        df    MS        F       Prob>F
-----------------------------------------------------
Columns   13195.7     4    3298.92   4.31    0.0162
Error     11491.5    15     766.1
Total     24687.2    19
```

图 10-1-1　方差分析表图

主要输出结果说明：总的偏差平方和是 24687，误差偏差平方和是 11491，因素偏差平方和为 13196；统计量 F 的值为 4.3061；检验 p-值为 $0.0162 < \alpha$；检验结果为否定原假设。当

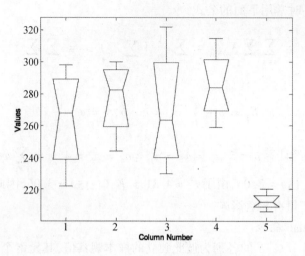

图 10-1-2 方差分析盒图

然可以应用 Matlab 命令 finv(0.05,4,15) 求出 $F_{0.05}(4,15)$ 的值,与 F 值比较得出结论。

例 10.1.2 某检验部门对 4 种品牌 A_1,A_2,A_3,A_4 的地板分别抽取 7,5,8,6 件进行耐磨性试验,数据见表 10-1-2,表 10-1-3(单位:万转)。问这 4 种品牌的地板耐磨性有无显著差异。($\alpha = 0.05$)

表 10-1-2

地板种类			
A_1	A_2	A_3	A_4
1.6	1.58	1.46	1.51
1.61	1.64	1.55	1.52
1.65	1.64	1.60	1.53
1.68	1.70	1.62	1.57
1.70	1.75	1.64	1.60
1.72		1.66	1.68
1.80		1.74	
		1.82	

表 10-1-3

地板种类	A_1	A_2	A_3	A_4	总和
n_i	7	5	8	6	$n = \sum_{i=1}^{4} n_i = 26$
T_i	11.76	8.31	13.09	9.41	$a = \sum_{i=1}^{4} T_i = 42.57$
T_i^2	138.2976	69.0561	171.3481	88.5481	
T_i^2/n_i	19.7568	13.81122	21.418512	14.758016	$b = \sum_{i=1}^{4} \frac{T_i^2}{n_i} = 69.7445492$
$\sum_{j=1}^{n_i} X_{ij}^2$	19.7854	13.8281	21.5037	14.7787	$c = \sum_{i=1}^{4}\sum_{j=1}^{n_i} X_{ij}^2 = 69.8959$

解 这里 $p = 4, n_1 = 7, n_2 = 5, n_3 = 8, n_4 = 4, n = \sum_{i=1}^{4} n_i = 26, \alpha = 0.05$,查 F 分布表得

$$F_\alpha(p-1, n-p) = F_{0.05}(3,22) = 3.03$$

令 $T_i = \sum_{j=1}^{n_i} X_{ij}$

$$\begin{aligned}
S_e &= \sum_{i=1}^{p} \sum_{j=1}^{n_i} (X_{ij} - \overline{X}_i)^2 \\
&= \sum_{i=1}^{p} \sum_{j=1}^{n_i} X_{ij}^2 - \sum_{i=1}^{p} \frac{T_i^2}{n_i} = c - b \\
&= 69.8959 - 69.7445492 = 0.1513508
\end{aligned}$$

$$\begin{aligned}
S_A &= S - S_e = \sum_{i=1}^{p} \sum_{j=1}^{n_i} (X_{ij} - \overline{X})^2 - S_e \\
&= \left(\sum_{i=1}^{p} \sum_{j=1}^{n_i} X_{ij}^2 - n\overline{X}^2\right) - \left(\sum_{i=1}^{p} \sum_{j=1}^{n_i} X_{ij}^2 - \sum_{i=1}^{p} \frac{T_i}{n_i}\right) \\
&= \sum_{i=1}^{p} \frac{T_i^2}{n_i} - \frac{\left(\sum_{i=1}^{p} T_i\right)^2}{n} = b - \frac{a^2}{n} \\
&= 69.7445492 - \frac{42.57^2}{26} = 0.0443607
\end{aligned}$$

因为 $F = \frac{(n-p)S_A}{(p-1)S_e} = \frac{22}{3} \times \frac{0.0443607}{0.1513508} = 2.15 \leqslant F_{0.05}(3,22) = 3.05$,所以应当认为 4 种品牌的地板的耐磨性没有显著差异。

在这个问题中,4 种品牌地板 A_1, A_2, A_3, A_4 的耐磨转数平均值分别为 1.68,1.662,1.6363,1.568。如果不做方差分析,只根据 4 个平均值的不同会做出 4 种品牌的地板耐磨性有差异,并且品牌 A_1 的地板最耐磨的结论。而实际上此时地板耐磨转数平均值的不同主要是由随机性引起的。

本例也可用 Matlab 分析。

输入:

```
strength =[1.6  1.61  1.65  1.68  1.70  1.72  1.80  1.58  1.64  1.64  1.70  1.75
1.46  1.55  1.60  1.62  1.64  1.66  1.74  1.82  1.51  1.52  1.53  1.57  1.60  1.68];
alloy ={'st','st','st','st','st','st','st','al1','al1','al1','al1','al1',
'al2','al2' 'al2','al2','al2','al2','al2','al2','al3','al3','al3','al3',
'al3','al3'};
p = anova1(strength,alloy)
```

结果输出:

```
    p = 
    0.1229
```

如方差图 10 - 1 - 3,图 10 - 1 - 4 所示。

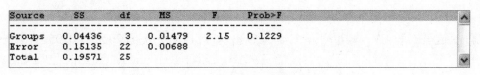

图 10-1-3　方差分析表图

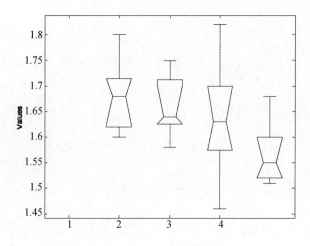

图 10-1-4　方差分析盒图

主要输出结果说明：总的偏差平方和是 0.1957，误差偏差平方和是 0.1514，因素偏差平方和为 0.0444；统计量 F 的值为 2.1494；p 值为 0.1229；检验结果为接受原假设。

注：可以查出 $F_{0.05}(3,22)=3.05$，与 F 值比较得出结论。

10.2　一元线性回归分析模型

客观世界中普遍存在着变量之间的关系，有的变量间有完全确定的函数关系，例如圆的面积 S 与半径 R 之间有关系式 $S=\pi R^2$。另外还有一些变量，他们之间虽然也有一定关系，但这种关系并不完全确定。例如人的身高与人的体重有一定关系，一般来讲高一些的人体重相对重一些，然而它们之间并不能用一个确定的函数关系式来表达，身高相同的人体重不一定相同。这是因为体重除了受到身高的影响外还受到其他一些因素的影响而是随机变量。这种情况下它们之间的关系称为相关关系。回归分析就是研究相关关系的一种数学工具。

10.2.1　一元线性回归模型

先看一个例子。

例 10.2.1　为了研究某一化学反应过程中，温度 $x(℃)$，对产品得率 $Y(\%)$ 的影响，测得数据见表 10-2-1。

表 10-2-1　数据表

温度/℃	100	110	120	130	140	150	160	170	180	190
得率/%	45	51	54	61	66	70	74	78	85	89

可在直角坐标系中做出散点图如图 10-2-1 所示。从图 10-2-1 上可以发现该化学反应中,随着温度的升高,产品的得率也在增加,且这些点 $(x_i, Y_i)(i=1,2,\cdots,10)$ 近似的在一条直线附近,但又不完全在一条直线上,引起这些点 $(x_i, Y_i)(i=1,2,\cdots,10)$ 不在同一条直线上的原因是在化学反应过程和测试过程中还有许多不可控制的因素,它们都影响着试验结果 Y_i。

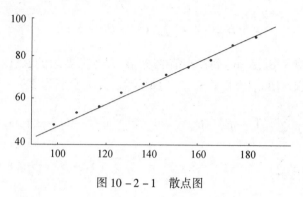

图 10-2-1 散点图

若将试验结果 Y 看成两部分叠加而成,一部分是 x 的线性函数引起的,记为 $\beta_0 + \beta_1 x$,另一部分是由随机因素引起的记为 ε,则有

$$Y = \beta_0 + \beta_1 x + \varepsilon \quad (*)$$

其中 ε 为随机误差。一般来讲假定 ε 服从分布 $N(0, \sigma^2)$,这意味着

$$Y \sim N(\beta_0 + \beta_1 x, \sigma^2)$$

易见,Y 的数学期望是 x 的线性函数。

在 $(*)$ 式中的 x 是一般变量,它可以精确测量或可以加以控制(如前例中的化学反应温度),Y 是指可以测量的随机变量,β_0, β_1 为未知参数,ε 是不可观测的随机变量,假定它服从 $N(0, \sigma^2)$ 分布,这就是**一元线性回归模型**。

对一元回归模型将研究下面 2 个问题:

(1) 根据样本去估计未知参数 $\beta_0, \beta_1, \sigma^2$,从而建立 Y 与 x 之间的明确的数量关系式;

(2) 对得到的数量关系式的可信度进行统计检验。

10.2.2 模型未知参数的估计

1. 未知参数 β_0, β_1 的最小二乘估计

只有确定 β_0, β_1 的取值后,才能确定 Y 与 x 之间的明确的数量关系式。为获得 β_0, β_1 的估计,将试验独立地进行若干次,设所得的结果为

$$(x_i, Y_i), \quad (i = 1, 2, \cdots, n)$$

则由 $(*)$ 式有

$$Y_i = \beta_0 + \beta_1 x_i + \varepsilon_i, \quad (i = 1, 2, \cdots, n)$$

其中的 $\varepsilon_1, \varepsilon_2, \cdots \varepsilon_n$ 是相互独立的随机变量,他们均服从 $N(0, \sigma^2)$。于是有 Y_i 服从 $N(\beta_0 + \beta_1 x_i, \sigma^2)$,$i = 1, 2, \cdots, n$。独立随机变量 $Y_1, Y_2 \cdots Y_n$ 的联合密度函数为

$$L = \prod_{i=1}^{n} \frac{1}{\sigma\sqrt{2\pi}} e^{-\frac{1}{2\sigma^2}(Y_i-\beta_0-\beta_1 x_i)^2} = \left(\frac{1}{\sigma\sqrt{2\pi}}\right)^2 e^{-\frac{1}{2\sigma^2}\sum_{i=1}^{n}(Y_i-\beta_0-\beta_1 x_i)^2}$$

用极大似然估计法来估计参数 β_0, β_1, 显然要使 L 取得极大值, 也就是要使 $\sum_{i=1}^{n}(Y_i - \beta_0 - \beta_1 x_i)^2$ 达到最小值, 记

$$S(\beta_0, \beta_1) = \sum_{i=1}^{n}(Y_i - \beta_0 - \beta_1 x_i)^2$$

所以只要求出使 $S(\beta_0, \beta_1)$ 达到极小值的 β_0, β_1 即为所要求的 $\hat{\beta_0}, \hat{\beta_1}$, 注意到 $S(\beta_0, \beta_1)$ 为 β_0, β_1 的可导函数, 求 $S(\beta_0, \beta_1)$ 关于 β_0, β_1 的偏导数, 并令它们为零。

$$\begin{cases} \dfrac{\partial}{\partial \beta_1} \sum_{i=1}^{n}(Y_i - \beta_0 - \beta_1 x_i)^2 = -2 \sum_{i=1}^{n}(Y_i - \beta_0 - \beta_1 x_i) x_i = 0 \\ \dfrac{\partial}{\partial \beta_0} \sum_{i=1}^{n}(Y_i - \beta_0 - \beta_1 x_i)^2 = -2 \sum_{i=1}^{n}(Y_i - \beta_0 - \beta_1 x_i) = 0 \end{cases}$$

整理上式得到

$$\begin{cases} n\beta_0 + \sum_{i=1}^{n} x_i \beta_1 = \sum_{i=1}^{n} Y_i \\ \sum_{i=1}^{n} x_i \beta_0 + \sum_{i=1}^{n} x_i^2 \beta_1 = \sum_{i=1}^{n} x_i Y_i \end{cases}$$

称这个方程组为一元线性回归模型的正规方程组, 其解为 β_0, β_1 的最小二乘估计。

一般情况下, $n\left(\sum_{i=1}^{n} x_i^2\right) - \left(\sum_{i=1}^{n} x_i\right)^2 \neq 0$, 上述方程组有唯一解。

$$\begin{cases} \beta_0 = \dfrac{1}{n}\sum_{i=1}^{n} Y_i - \dfrac{\beta_1}{n}\sum_{i=1}^{n} x_i = \bar{Y} - \beta_1 \bar{x} \\ \beta_1 = \dfrac{n\sum_{i=1}^{n} x_i Y_i - \left(\sum_{i=1}^{n} x_i\right)\left(\sum_{i=1}^{n} Y_i\right)}{n\left(\sum_{i=1}^{n} x_i^2\right) - \left(\sum_{i=1}^{n} x_i\right)^2} = \dfrac{\sum_{i=1}^{n}(x_i - \bar{x})(Y_i - \bar{Y})}{\sum_{i=1}^{n}(x_i - \bar{x})^2} \end{cases}$$

由此可以给出 β_0, β_1 的最小二乘估计, 即

$$\begin{cases} \hat{\beta_0} = \dfrac{1}{n}\sum_{i=1}^{n} Y_i - \dfrac{\beta_1}{n}\sum_{i=1}^{n} x_i = \bar{Y} - \beta_1 \bar{x} \\ \hat{\beta_1} = \dfrac{n\sum_{i=1}^{n} x_i Y_i - \left(\sum_{i=1}^{n} x_i\right)\left(\sum_{i=1}^{n} Y_i\right)}{n\left(\sum_{i=1}^{n} x_i^2\right) - \left(\sum_{i=1}^{n} x_i\right)^2} = \dfrac{\sum_{i=1}^{n}(x_i - \bar{x})(Y_i - \bar{Y})}{\sum_{i=1}^{n}(x_i - \bar{x})^2} \end{cases}$$

进一步研究最小二乘估计 $\hat{\beta_0}, \hat{\beta_1}$, 由于

$$E(Y_i) = E(\beta_0 + \beta_1 x_i + \varepsilon_i) = \beta_0 + \beta_1 x_i + E(\varepsilon_i) = \beta_0 + \beta_1 x_i$$

$$E(\bar{Y}) = E\left(\frac{1}{n}\sum_{i=1}^{n} Y_i\right) = \frac{1}{n} E\sum_{i=1}^{n}(Y_i) = \frac{1}{n}\sum_{i=1}^{n}(\beta_0 + \beta_1 x_i) = \beta_0 + \beta_1 \bar{x}_i$$

所以

$$E\hat{\beta}_0 = \beta_0, E\hat{\beta}_1 = \beta_1$$

由此知 $\hat{\beta}_0$ 与 $\hat{\beta}_1$ 是 β_0 与 β_1 的无偏估计。

有了 $\hat{\beta}_0$ 与 $\hat{\beta}_1$ 后,就可以得到一个一元线性方程。

$$\hat{Y} = \hat{\beta}_0 + \hat{\beta}_1 x$$

称他为**一元线性回归方程**。对于每一个 x_i 都可以由上述方程求得相应的值。

$$\hat{Y}_i = \hat{\beta}_0 + \hat{\beta}_1 x_i$$

称 $\hat{Y}_i$ 为**回归值**。

在计算上为了方便,引入下述记号

$$S_{xx} = \sum_{i=1}^{n}(x_i - \bar{x})^2 = \sum_{i=1}^{n} x_i^2 - \frac{1}{n}\left(\sum_{i=1}^{n} x_i\right)^2$$

$$S_{YY} = \sum_{i=1}^{n}(Y_i - \bar{Y})^2 = \sum_{i=1}^{n} Y_i^2 - \frac{1}{n}\left(\sum_{i=1}^{n} Y_i\right)^2$$

$$S_{xY} = \sum_{i=1}^{n}(x_i - \bar{x})(Y_i - \bar{Y}) = \sum_{i=1}^{n} x_i Y_i - \frac{1}{n}\left(\sum_{i=1}^{n} x_i\right)\left(\sum_{i=1}^{n} Y_i\right)$$

则 β_0 与 β_1 的最小二乘估计为

$$\begin{cases} \hat{\beta}_1 = \dfrac{S_{xY}}{S_{xx}} \\ \hat{\beta}_0 = \dfrac{1}{n}\sum_{i=1}^{n} Y_i - \left(\dfrac{1}{n}\sum_{i=1}^{n} x_i\right)\hat{\beta}_1 = \bar{Y} - \hat{\beta}_1 \bar{x} \end{cases}$$

例 10.2.2 设在例 10.2.1 中的随机变量 Y 与 x 的关系满足线性回归模型。求 Y 关于 x 的一元线性回归方程。

解 这里 $n = 10$,

$$\bar{x} = \frac{1}{n}\sum_{i=1}^{n} x_i = \frac{1}{10}(100 + 110 + \cdots + 190) = 145$$

$$\bar{Y} = \frac{1}{n}\sum_{i=1}^{n} Y_i = \frac{1}{10}(45 + 51 + \cdots + 89) = 67.3000$$

$$S_{xx} = \sum_{i=1}^{n}(x_i - \bar{x})^2 = \sum_{i=1}^{n} x_i^2 - n\bar{x}^2$$

$$= (100^2 + 110^2 + \cdots + 190^2) - 10 \times 145^2 = 218500 - 210250 = 8250$$

$$S_{xY} = \sum_{i=1}^{n}(x_i - \bar{x})(Y_i - \bar{Y}) = \sum_{i=1}^{n} x_i Y_i - \frac{1}{n}\left(\sum_{i=1}^{n} x_i\right)\left(\sum_{i=1}^{n} Y_i\right)$$

$$= 100 \times 45 + 110 \times 51 + \cdots + 190 \times 89 - \frac{1}{10} \times 1450 \times 673 = 3985$$

$$\hat{\beta}_1 = \frac{S_{xY}}{S_{xx}} = \frac{3985}{8250} = 0.48303$$

$$\hat{\beta}_0 = \bar{Y} - \hat{\beta}_1 \bar{x} = 67.3 - 0.48303 \times 145 = -2.73935$$

这样就可以得到线性回归方程

$$\hat{Y} = \hat{\beta}_0 + \hat{\beta}_1 x = -2.73935 + 0.48303x$$

2. 未知参数 σ^2 的估计

为了解预测的精确程度及控制生产过程的需要,通常还需要求得 σ^2 的估计,称实值 Y_i 与回归值 $\hat{Y}_i$ 的差 $Y_i - \hat{Y}_i$ 为残差,而称 $\sum_{i=1}^{n}(Y_i - \hat{Y}_i)^2$ 为模型的残差平方和,记作 $S(\hat{\beta}_0, \hat{\beta}_1)$。不难证明:

$$\frac{S(\hat{\beta}_0, \hat{\beta}_1)}{\sigma^2} \sim \chi^2(n-2)$$

于是

$$E\left(\frac{S(\hat{\beta}_0, \hat{\beta}_1)}{\sigma^2}\right) = n-2, E\left(\frac{S(\hat{\beta}_0, \hat{\beta}_1)}{n-2}\right) = \sigma^2$$

因此令

$$\hat{\sigma}^2 = \frac{S(\hat{\beta}_0, \hat{\beta}_1)}{n-2}$$

则 $\hat{\sigma}^2$ 是 σ^2 的无偏估计。

为了计算方便,可将残差平方和 $S(\hat{\beta}_0, \hat{\beta}_1)$ 进行分解

$$\begin{aligned}
S(\hat{\beta}_0, \hat{\beta}_1) &= \sum_{i=1}^{n}(Y_i - \hat{Y}_i)^2 \\
&= \sum_{i=1}^{n}[Y_i - (\bar{Y} - \hat{\beta}_1 \bar{x}) - \hat{\beta}_1 x_i]^2 \\
&= \sum_{i=1}^{n}[Y_i - (\bar{Y} - \hat{\beta}_1 \bar{x}) - \hat{\beta}_1 x_i]^2 \\
&= \sum_{i=1}^{n}[(Y_i - \bar{Y}) - \hat{\beta}_1(x_i - \bar{x})]^2 \\
&= \sum_{i=1}^{n}(Y_i - \bar{Y})^2 - 2\hat{\beta}_1 \sum_{i=1}^{n}(x_i - \bar{x})(Y_i - \bar{Y}) + \hat{\beta}_1^2 \sum_{i=1}^{n}(x_i - \bar{x})^2 \\
&= S_{YY} - 2\hat{\beta}_1 S_{xY} + \hat{\beta}_1^2 S_{xx} \\
&= S_{YY} - \hat{\beta}_1 S_{xY}
\end{aligned}$$

例 10.2.3 求例 10.2.1 中的 σ^2 的无偏估计。

解 $S_{YY} = \sum_{i=1}^{n}(Y_i - \bar{Y})^2 = \sum_{i=1}^{n}Y_i^2 - \frac{1}{n}\left(\sum_{i=1}^{n}Y_i\right)^2$

$$= 45^2 + 51^2 + \cdots + 89^2 - \frac{1}{10} \times 673^2 = 47225 - \frac{452929}{10} = 1932.1$$

$$S(\hat{\beta}_0, \hat{\beta}_1) = S_{YY} - \hat{\beta}_1 S_{xY} = 1932.1 - 0.48303 \times 3985 = 7.2254$$

所以

$$\hat{\sigma}^2 = \frac{S(\hat{\beta}_0, \hat{\beta}_1)}{n-2} = \frac{7.2254}{8} = 0.9032$$

10.3 一元回归模型线性假设显著性检验

由回归模型建立的方法可知,只要变量 x 取值为 $x_1, x_2, \cdots, x_n$ 时,便可得到随机变量 Y 的一个容量为 n 的样本 $Y_1, Y_2, \cdots, Y_n$,进而给出线性回归方程,但在回归模型中除了参数估计问题外,还有一个对线性假设显著性的检验问题,即变量 Y 与 x 之间的关系是否可以用一元线性回归模型来刻化。如果 $\beta_1 = 0$,此时 $Y = \beta_0 + \varepsilon$ 就是一个与变量 x 没有线性关系的随机变量。因此检验 Y 与 x 之间是否存在线性回归模型非常重要,这相当于检验假设

$$H_0 : \beta_1 = 0$$

是否成立。

$Y_1, Y_2, \cdots, Y_n$ 之间之所以存在差异,可能有两个原因引起,一是 Y 与 x 之间的关系是线性回归模型刻画的关系部分,由于 x_i 的取值不同使 $\beta_0 + \beta_1 x_i$ 的取值也不同,进而引起 Y_i 的取值不同;另一个是由于除去这种线性关系以外的一切原因引起的,这当中包括 Y 与 x 的非线性关系以及其他一切未加控制的随机因素的影响,现在的想法还是通过总的偏差平方和来衡量数据的波动大小。

$$S_{YY} = \sum_{i=1}^{n}(Y_i - \bar{Y})^2$$

$$= \sum_{i=1}^{n}(Y_i - \hat{Y}_i)^2 + \sum_{i=1}^{n}(\hat{Y}_i - \bar{Y})^2 + 2\sum_{i=1}^{n}(Y_i - \hat{Y}_i)(\hat{Y}_i - \bar{Y})$$

其中 $\sum_{i=1}^{n}(Y_i - \hat{Y}_i)(\hat{Y}_i - \bar{Y}) = 0$,记 $S_R = \sum_{i=1}^{n}(\hat{Y}_i - \bar{Y})^2$

则有

$$S_{YY} = S(\hat{\beta}_0, \hat{\beta}_1) + S_R$$

$S(\hat{\beta}_0, \hat{\beta}_1)$ 主要反映了 Y 与 x 之间线性关系以外其他一切因素引起的数据 Y_i 之间的波动,而 S_R 反映了由 x 的变化引起的 Y_i 之间的波动。

在 H_0 为真时 Y_i 服从 $N(\beta_0, \sigma^2)$,$i = 1, 2, \cdots, n$,且相互独立,由此可以证明 $\frac{S(\hat{\beta}_0, \hat{\beta}_1)}{\sigma^2}$ 与 $\frac{S_R}{\sigma^2}$ 相互独立,以及

$$\frac{S_{YY}}{\sigma^2} \sim \chi^2(n-1)$$

$$\frac{S(\hat{\beta}_0,\hat{\beta}_1)}{\sigma^2} \sim \chi^2(n-2)$$

$$\frac{S_R}{\sigma^2} \sim \chi^2(1)$$

由此也可知 $\frac{S_{YY}}{n-1}, S_R, \frac{S(\hat{\beta}_0,\hat{\beta}_1)}{n-2}$ 都是 σ^2 的无偏估计量。

于是在 H_0 为真时,

$$F = (n-2)\frac{S_R}{S(\hat{\beta}_0,\hat{\beta}_1)} \sim F(1,n-2)$$

按显著检验的程序,在给定显著性水平 α 下:

当 $F < F_\alpha(1,n-2)$ 时接受 $H_0:\beta_1=0$,认为回归效果不显著;

当 $F \geqslant F_\alpha(1,n-2)$ 时拒绝 $H_0:\beta_1=0$,认为回归效果显著。

这里选择单侧的分位点和 F 统计量的理由类似方差分析。

对 H_0 的检验也可以采用下面这种方法,由于不难证明 $\hat{\beta}_1 \sim N(\beta_1,\frac{\sigma^2}{S_{xx}})$,所以

$$\frac{\hat{\beta}_1 - \beta_1}{\sqrt{\frac{\sigma^2}{S_{xx}}}} \sim N(0,1)$$

又由

$$\frac{(n-2)\hat{\sigma}^2}{\sigma^2} = \frac{S(\hat{\beta}_0,\hat{\beta}_1)}{\sigma^2} \sim \chi^2(n-2)$$

因此

$$t = \frac{\dfrac{\hat{\beta}_1 - \beta_1}{\sqrt{\dfrac{\sigma^2}{S_{xx}}}}}{\sqrt{\dfrac{(n-2)\hat{\sigma}^2}{(n-2)}}} \sim t(n-2)$$

经简化有

$$t = \frac{\hat{\beta}_1 - \beta_1}{\hat{\sigma}}\sqrt{S_{xx}} \sim t(n-2)$$

这里 $\hat{\sigma} = \sqrt{\hat{\sigma}^2}$。因此对 $H_0:\beta_1=0$ 的检验方法是:

当 $|t| < t_{\frac{\alpha}{2}}(n-2)$ 时接受 $H_0:\beta_1=0$,认为回归效果不显著;

当 $|t| \geqslant t_{\frac{\alpha}{2}}(n-2)$ 时拒绝 $H_0:\beta_1=0$,认为回归效果显著。

求回归系数的点估计和区间估计、并检验回归模型应用的 Matlab 命令为
$$[b, bint, e, eint, stats] = regress(Y, X, alpha)$$
其中

$$Y = \begin{bmatrix} Y_1 \\ Y_2 \\ \vdots \\ Y_n \end{bmatrix}, X = \begin{bmatrix} 1 & x_1 \\ 1 & x_2 \\ \vdots & \vdots \\ 1 & x_n \end{bmatrix}, b = \begin{bmatrix} \hat{\beta}_0 \\ \hat{\beta}_1 \\ \vdots \\ \hat{\beta}_n \end{bmatrix}$$

回归方差为
$$y = \beta_0 + \beta_1 x_1 + \cdots + \beta_n x_n$$

bint 为回归系数的区间估计,e 为残差,eint 为置信区间,stats 用于检验回归模型的统计量,有 4 个数值:相关系数 r^2、F 值、与 F 对应的概率 p,剩余方差 s^2。相关系数 r^2 越接近 1,说明回归方程越显著;$F > F_{1-\alpha}(k, n-k-1)$ 时拒绝 H_0,F 越大,说明回归方程越显著;与 F 对应的概率 $p < \alpha$ 时拒绝 H_0,回归模型成立。

例 10.3.1   在给定显著性水平 $\alpha = 0.05$ 下,检验例 10.2.1 的回归效果是否显著。

解   按第一种方法 F 检验,经查表有 $F_\alpha(1, n-2) = F_{0.05}(1, 8) = 5.32$

$$S(\hat{\beta}_0, \hat{\beta}_1) = \sum_{i=1}^n (Y_i - \hat{Y}_i)^2 = 7.2254$$

$$S_R = S_{YY} - S(\hat{\beta}_0, \hat{\beta}_1) = 1932.1 - 7.2254 = 1924.8746$$

$$F = (n-2)\frac{S_R}{S(\hat{\beta}_0, \hat{\beta}_1)} = 8 \times \frac{1924.8746}{7.2254} = 2131.2 > 5.32$$

故拒绝 $H_0: \beta_1 = 0$,认为回归效果显著。

按第二种方法 t 检验,经查表有 $t_{\frac{\alpha}{2}}(n-2) = t_{0.25}(8) = 2.3060$

$$|t| = \frac{|\hat{\beta}_1|}{\hat{\sigma}}\sqrt{S_{xx}} = \frac{0.48303}{\sqrt{0.90}} \times \sqrt{8250} = 46.25 > 2.3060$$

也可得出同样的结论。

上述例子可用 Matlab 来实现。

输入:

```
x = [ 100    110    120    130    140    150    160    170    180    190]
y = [45    51    54    61    66    70    74    78    85    89]
X = [ones(1,10);x]
[b,bint,e,eint,stats] = regress(y',X')
```

部分结果输出。

输出:

```
b =
 -2.7394
  0.4830
bint =
```

```
         -6.3056    0.8268
          0.4589    0.5072
         stats =
         1.0e+003 *
          0.0010    2.1316    0.0000    0.0009 。
```

输出结果说明:b 表示 β_1 和 β_0;bint 表示 β_0 和 β_1 的置信区间;stats 的第 2 个值表示 F 值为 2131.6,第 3 个值表示显著性概率 p,此值非负,若小于默认的显著性水平 0.05,则认为回归模型有效。如显著性水平 α 不是 0.05,则要将命令 regress(y',X') 改为 regress(y',X',α)。

习题 10

一、填空题

1. (1) 方差分析实际上是一个假设检验问题,它是检验_____正态总体_____是否相等的一种统计分析方法。

(2) 单因素方差分析中 $A = B + C$(其中的 $A = \sum_{i=1}^{p}\sum_{j=1}^{n_i}(X_{ij}-\bar{X})^2$,$B = \sum_{i=1}^{p}n_i(\bar{X}_{i.}-\bar{X})^2$) 被称为_____,而 $C = $ _____被称为_____平方和,B 被称为_____平方和。

(3) 在单因素方差分析中,若以 S_A 表示由因素 A 引起的误差平方和,由当假设 H_0 成立时,$\dfrac{S_A}{\sigma^2}$ 服从自由度为_____的_____分布。

2. (1) 回归分析是用来处理变量间_____关系的一种数理统计方法,若两个变量(或多个变量)间具有线性关系,则称相应的回归分析为_____。

(2) 回归分析以自变量的数目分类,可以分为两大类,它们分别是_____和_____。

(3) 设 Y 与 x 之间的关系式为 $Y = \beta_0+\beta_1 x+\varepsilon$,$\varepsilon \sim N(0,\sigma^2)$,$(x_i,y_i)$,$i=1,2,\cdots,n$,是 (x,Y) 的 n 组独立观测值,则回归系数的估计 $\hat{\beta}_0 = $ _____,$\hat{\beta}_1 = $ _____。

二、选择题

1. 在方差分析中,常用的检验法为( )。

  (A) F - 检验法   (B) χ^2 - 检验法

  (C) t - 检验法   (D) u - 检验法

2. (1) 设一元线性回归模型为 $Y = \beta_0+\beta_1 x+\varepsilon$,$(E\varepsilon = 0,D\varepsilon = \sigma^2)$,求回归系数 β_0,β_1 估计的方法可以有( )。

  (A) 最大似然法   (B) 矩估计法

  (C) 最小二乘法   (D) (A)或者是(C)

(2) 在上题中若 $\varepsilon \sim N(0,\sigma^2)$,则求 β_0,β_1 的估计方法是( )。

  (A) 矩估计法

  (B) 只能采用最大似然法

(C) 只能采用最小二乘法

(D) 最大似然法或是最小二乘法

(3) 设有线性模型: $y_i = \beta_i + \varepsilon_i (i=1,2,3,4)$, 其中 ε_i 彼此之间相互独立, $\varepsilon_i \sim N(0,\sigma^2)$, 且有 $\sum_{i=1}^{4} \beta_i = 0$, 则检验假设 $H: \beta_1 = \beta_3$ 所用的 F 统计量为（　　）。

(A) $\dfrac{2(y_1 - y_3)^2}{(\sum\limits_{i=1}^{4} y_i)^2}$ (B) $\dfrac{(y_1 + y_3)^2}{(\sum\limits_{i=1}^{4} y_i)^2}$

(C) $\dfrac{2y_3^2}{(\sum\limits_{i=1}^{4} y_i)^2}$ (D) $\dfrac{(y_1 + y_2 + y_3)}{(\sum\limits_{i=1}^{4} y_i)^2}$

(4) 设有线性回归模型, $y_i = \beta x_i + \varepsilon_i (i=1,2,\cdots,n)$, 其中的 $\varepsilon_i \sim N(0,\sigma^2)$, 且相互独立, $(x_i, y_i)(i=1,2,\cdots,n)$ 是 (x,Y) 的 n 组独立观测值, 则 β 的最大似然估计是（　　）。

(A) $\sum\limits_{i=1}^{n}(x_i - \bar{x})(y_i - \bar{y}) / \sum\limits_{i=1}^{n}(x_i - \bar{x}_i)^2$

(B) $\sum\limits_{i=1}^{n} x_i y_i / \sum\limits_{i=1}^{n} x_i^2$

(C) $\sum\limits_{i=1}^{n}(x_i - \bar{x})(y_i - \bar{y}) / \sum\limits_{i=1}^{n} x_i^2$

(D) $\sum\limits_{i=1}^{n}(x_i - \bar{x})\bar{y} / \sum\limits_{i=1}^{n}(x_i - \bar{x}_i)^2$

三、计算题

1. 对于例 10.1.1 进行单因素方差分析 ($\alpha = 0.05$)。

2. 考察温度对某一化工产品的得率的影响, 为此选择了 5 种不同的温度, 在同一温度下进行了 3 次试验, 测得其得率如下表所示, 试在水平 $\alpha = 0.01$ 下分析温度对得率有无显著影响。

温度/℃	60	65	70	75	80
得率/%	90	91	96	84	84
	92	93	96	83	86
	88	92	93	88	82

3. 今有某种型号的电池 3 批, 它们分别是由 A,B,C 3 个工厂生产的, 为了评比其质量, 各随机地抽取 5 只电池为样本, 经试验得其寿命(h)如下表所示, 试在显著水平 $\alpha = 0.05$ 下检验电池的平均寿命有无差异。

A	B	C
40	26	39
48	34	40
38	30	43
42	28	50
45	32	50

4. 一个年级有一个小班,他们进行了一次数学测验,现从各个班级随机地抽取了一些学生,记录下其成绩如下表所示,试在显著性水平 α=0.05 下检验各班级的平均分数有无显著差异。

I			II			III		
73	66	73	56	80	74	79	71	15
89	60	77	96	85	76	91	53	71
82	45	43	51	62	91	59	56	68
93	36	80	78	48	31	68	41	79
			78	77	88	87		

5. 将抗生素注入人体会产生抗生素与血浆蛋白质结合的现象,以至减少了药效。下表列出 5 种常用的抗生素注入到牛的体内时,抗生素与血浆蛋白质结合中的百分比。试在显著性水平 α=0.05 下检验这些百分比的均值有无显著的差异。设各总体服从正态分布,且方差相同。

青霉素	四环素	链霉素	红霉素	氯霉素
32.0	34.8	8.3	19.0	24.2
28.5	30.8	11.0	18.3	25.0
24.3	32.6	6.2	17.4	32.8
29.6	27.3	5.8	21.6	29.2

6. 下面给出了在某个城市 5 个不同的地点,不同时间空气中的颗粒状物(kg/m^3)的含量的数据,试在水平 α=0.05 下检验。

(1) 在不同时间下颗粒状物含量的均值有无显著差异?

(2) 在不同地点颗粒状物的均值有无显著差异?

	地点1	地点2	地点3	地点4	地点5
1973.10	76	67	81	56	51
1976.2	82	69	96	59	70
1979.5	68	59	67	54	42
1982.6	63	56	64	58	37

7. 某小学从六年级学生的期末考试成绩中,随意的抄了 10 名学生的语文和数学成绩,其分数如下表所示,试建立语文成绩对数学成绩的回归方程。

语文	94	90	86	86	72	70	68	66	64	62
数学	93	92	92	70	82	76	75	76	68	60

8. 有人认为企业用于科学研究的费用 x 与该企业的利润水平 Y 之间存在着近似的线性关系,从下表所示的数据是否能得到这样的结论(α=0.05)。

研究费(万元)	10	10	8	8	8	12	12	12	11	11
利润(万元)	100	150	200	180	250	300	280	310	320	300

9. 经过调查旅客的投诉率 Y 与列车的正点率 x 有着如下表所示的统计数据,假设调查结果均服从正态分布 $N(0,\sigma^2)$ 且相互独立。

正点率/%	68.5	70.8	71.2	72.2	73.8	75.7	76.6	76.6	81.8
投诉率/%	1.25	1.22	0.72	0.93	0.74	0.68	0.85	0.58	0.21

（1）试建立旅客投诉率 Y 对列车正点率 x 的回归方程；

（2）求方差 σ^2 的估计值；

（3）检验回归效果的显著性（$\alpha=0.05$）。

10. 现得到 x 与 Y 之间的数据如下表所示。

Y_i	16.7	17	16.8	16.6	16.7	16.8	16.9	17	17	17.1
x_i	49.2	50	49.3	49	49	49.5	49.8	50.2	50.2	50.3

（1）检验 x 与 Y 之间是否存在线性相关关系；

（2）在有相关关系的情况下,试建立回归方程。

11. 某工厂为了验证工厂的资本利用率 x 高低与收益 Y 大小的关系,作了一次调查,获得数据如下表所示。

$x_i(\%)$	1	3	5	10	21	23	40	49	53	59
Y_i	5	7	21	38	100	110	239	306	340	360

根据经验知道 Y 与 x 之间有近似关系 $Y=ax^b$

（1）确定 a,b；

（2）作回归方程的显著性检验（$\alpha=0.05$）。

习题参考答案

习题 1

一、1. (1) 2　(2) 0　(3) 正　(4) $(n-1)!$

2. (1) -5　(2) 8　(3) -4　(4) $8a$

3. (1) $0,\pm 2$　(2) a,b,c 互不相等

二、1. (1) C　(2) A　(3) B　(4) D

2. (1) A　(2) D　(3) B

3. (1) C　(2) A

三、1. (1) 2　(2) -1

2. (1) -15　(2) -27　(3) abc　(4) $2a^2(y+a)$　3. 24

4. (1) $x=2, y=3$　(2) $x_1=5, x_2=2$　(3) $x_1=1, x_2=2, x_3=3$　(4) $x_1=-\dfrac{11}{8}, x_2=-\dfrac{9}{8}, x_3=-\dfrac{3}{4}$

5. $l=5, m=4$　6. (1) 24　(2) 2604　7. (1) $(-1)^{n+1}n!$　(2) $a^n+(-1)^{n+1}b^n$

8. (1) $x_1=-1, x_2=1, x_3=2, x_4=3$　(2) $x_1=-5, x_2=2, x_3=-3, x_4=4$

9. $\lambda=0, \lambda=2, \lambda=3$

习题 2

一、1. 0　2. 48　3. $\dfrac{1}{10}\begin{pmatrix}1 & 0 & 0\\ 2 & 2 & 0\\ 3 & 4 & 5\end{pmatrix}$　4. $\begin{pmatrix}0 & 0 & 0 & -1\\ 0 & 0 & 1 & 0\\ 2 & -1 & 0 & 0\\ -1 & 1 & 0 & 0\end{pmatrix}$　5. $(-1)^n 3$　6. 0

二、1. A　2. C　3. C　4. A　5. C　6. D

三、1. (1) $\begin{pmatrix}2 & 2 & -2\\ 2 & 0 & 0\\ 4 & -4 & -2\end{pmatrix}$　(2) $\begin{pmatrix}-9 & -5 & 1\\ -10 & 1 & -4\\ -5 & -4 & -9\end{pmatrix}$

2. (1) 14　(2) $\begin{pmatrix}1 & 2 & 3\\ 2 & 4 & 6\\ 3 & 6 & 9\end{pmatrix}$　(3) $\begin{pmatrix}-6 & 29\\ 5 & 32\end{pmatrix}$　(4) $2x^2+3y^2+4z^2-2xy-4xz+10yz$

3. (1) $\mathrm{diag}\{a^n, b^n, c^n\}$　(2) $2^3\begin{pmatrix}1 & 1\\ 1 & 1\end{pmatrix}$　(3) $\begin{pmatrix}1 & n\\ 0 & 1\end{pmatrix}$

4. (1) $\begin{pmatrix} -9 & 0 & 6 \\ -6 & 0 & 0 \\ -6 & 0 & 9 \end{pmatrix}$ (2) $\begin{pmatrix} 0 & 0 & 6 \\ 0 & 0 & 0 \\ -6 & 0 & 0 \end{pmatrix}$

5. (1) $\begin{pmatrix} 1 & -4 & -3 \\ 1 & -5 & -3 \\ -1 & 6 & 4 \end{pmatrix}$ (2) $\begin{pmatrix} 0 & 0 & 0 & -1/5 \\ 0 & 0 & 1/4 & 0 \\ 0 & -1/3 & 0 & 0 \\ 1/2 & 0 & 0 & 0 \end{pmatrix}$

6. (1) $\begin{pmatrix} 11/6 & 1/2 & 1 \\ -1/6 & -1/2 & 0 \\ 2/3 & 1 & 0 \end{pmatrix}$ (2) $\begin{pmatrix} 8/49 & -253/49 & -62/49 \\ -17/49 & -228/49 & -52/49 \\ 17/49 & -262/49 & -46/49 \end{pmatrix}$ (3) $\begin{pmatrix} 5/3 \\ 2/3 \\ 4/3 \end{pmatrix}$

7. (1) $B = A - A^{-1} = \begin{pmatrix} 1 & 1 & -1 \\ 0 & 1 & 1 \\ 0 & 0 & -1 \end{pmatrix} - \begin{pmatrix} -1 & 5 & -2 \\ 1 & -2 & 1 \\ -1 & 3 & -1 \end{pmatrix} = \begin{pmatrix} 2 & -4 & 1 \\ -1 & 3 & 0 \\ 1 & -3 & 0 \end{pmatrix}$

(2) $B = (A-2E)^{-1}A = \begin{pmatrix} 3 & -8 & -6 \\ 2 & -9 & -6 \\ -2 & 12 & 9 \end{pmatrix}$

习题3

一、1. $\lambda = 1$ 2. $r(A) = r(A,B)$;有无穷多解;唯一解。 3. $\begin{cases} x = -c \\ y = 2c \\ z = c \end{cases}$,$c$为任意常数。

4. 无解

二、1. D 2. C 3. D 4. B 5. C.

三、1. (1) $r(A) = 2$, $\begin{pmatrix} 1 & 0 & 5 & 0 \\ 0 & 1 & -1 & 2 \\ 0 & 0 & 0 & 0 \end{pmatrix}$ (2) $r(A) = 3$, $\begin{pmatrix} 1 & 0 & 0 & 0.5 \\ 0 & 1 & 0 & 0.5 \\ 0 & 0 & 1 & -3.5 \end{pmatrix}$

(3) $r(A) = 3$, $\begin{pmatrix} 1 & 0 & 0 & 4 & 4 \\ 0 & 1 & 0 & -2 & -2 \\ 0 & 0 & 1 & 3 & 4 \\ 0 & 0 & 0 & 0 & 0 \end{pmatrix}$ (4) $r(A) = 4$, $\begin{pmatrix} 1 & 0 & 0 & 0 & -8 \\ 0 & 1 & 0 & 0 & 3 \\ 0 & 0 & 1 & 0 & 6 \\ 0 & 0 & 0 & 1 & 0 \end{pmatrix}$

2. (1) $x = \begin{pmatrix} 1 \\ 2 \\ 3 \end{pmatrix}$ (2) 无解 (3) $x = \begin{pmatrix} -2 \\ 5 \\ 0 \\ -10 \end{pmatrix} + c\begin{pmatrix} 3 \\ 2 \\ 1 \\ 0 \end{pmatrix}$,$c$为任意常数

(4) $x = \begin{pmatrix} 1 \\ 0 \\ 1 \\ 0 \end{pmatrix} + c\begin{pmatrix} -1.5 \\ 1.5 \\ -0.5 \\ 1 \end{pmatrix}$,$c$为任意常数 (5) $x = c_1\begin{pmatrix} -1 \\ 1 \\ 1 \\ 0 \\ 0 \end{pmatrix} + c_2\begin{pmatrix} 2 \\ 1 \\ 0 \\ 1 \\ 0 \end{pmatrix}$,$c_1,c_2$为任意常数

(6) $x = c_1 \begin{pmatrix} 0 \\ 2 \\ -0.333 \\ 1 \\ 0 \end{pmatrix} + c_2 \begin{pmatrix} 0 \\ -1.333 \\ 0.1111 \\ 0 \\ 1 \end{pmatrix}, c_1, c_2$ 为任意常数

习题 4

一、填空题

1. (1) $G \supset H$、(2) $C \supset D$

2. $A \cap B = \phi, A \cup B = \Omega$

3. $\overline{ABC} + \overline{ABC} + \overline{ABC} + \overline{ABC}, A + B + C$

4. $P(A) = P(B) = P(C) = \dfrac{1}{27}, P(D) = \dfrac{1}{9}, P(E) = \dfrac{2}{9}, P(F) = \dfrac{8}{9}, P(G) = \dfrac{26}{27}$

5. $P(A) + P(\overline{A}) = 1, P(A+B) = P(A) + P(B) - P(AB), P(AB) = P(A)P(B|A)$
   $P\{A \text{ 发生 } k \text{ 次}\} = C_n^k p^k (1-p)^{n-k}$

6. (1) 0.56, (2) 0.24, (3) 0.14, (4) 0.94

7. $P(A) = \dfrac{3}{5}, P(B|A) = \dfrac{5}{9}, P(B|\overline{A}) = \dfrac{2}{3}$

8. $(1-p)(1-q)$

9. $\dfrac{2}{7}$

10. $\dfrac{2}{3}$

二、选择题

1. C   2. B   3. D   4. B   5. D   6. B   7. C

三、计算题

1. $\Omega = \{1,2,3,4,5,6,7,8,9,10\}, A = \{8,9,10\}$

2. 16, 正用 + 表示,反用 − 表示 $A = \{++--, +-+-, +--+, -++-, -+-+, --++\}$
   $B = \{+++-, ++-+, +-++, -+++\}$

3. (1) $A_1 \overline{A_2 A_3}$,   (2) $A_1 \overline{A_2} \overline{A_3} + \overline{A_1} A_2 \overline{A_3} + \overline{A_1} \overline{A_2} A_3$
   (3) $A_1(\overline{A_2} + \overline{A_3})$,   (4) $\overline{A_1} + \overline{A_2} + \overline{A_3}$,   (5) $\overline{A_1} \overline{A_2} \overline{A_3}$

4. 略。

5. $P(A) = \dfrac{1}{14}, P(B) = \dfrac{1}{42}, P(C) = \dfrac{2}{21}$

6. $P(A) = \dfrac{2}{9}, P(B) = \dfrac{4}{9}, P(C) = \dfrac{7}{9}$

7. $\dfrac{1}{4}$

8. 0.98、0.02
9. 0.5
10. (1)0.021,(2)0.476
11. 0.98
12. 第一种工艺一级品概率大
13. (1)0.025,(2)0.8
14. (1)$\dfrac{71}{198}$,(2)$\dfrac{21}{71}$
15. $\dfrac{11}{15}$
16. 0.48

习题 5

一、填空题

1. $\dfrac{11}{24}$

2. (1) $f(x) \geqslant 0$,(2) $\int_{-\infty}^{+\infty} f(x)\,\mathrm{d}x = 1$

3. $\{X \leqslant x\}$

4. $0 \leqslant F(x) \leqslant 1$,单调不减函数,$F(-\infty)=0$,$F(+\infty)=1$

5. $\dfrac{1}{\sqrt{2\pi}}\mathrm{e}^{-\frac{x^2}{2}}$

6. $\dfrac{X-\mu}{\sigma}$

7. $C_{n+k}^{k}(1-p)^k p^n$,$(1-p)^k p$

二、选择题

1. B 2. D 3. B 4. A 5. A 6. B 7. D 8. C 9. A 10. C 11. D

三、计算题

1. $\begin{pmatrix} X & 0 & 10 & 20 & 30 \\ p & \dfrac{1}{8} & \dfrac{3}{8} & \dfrac{3}{8} & \dfrac{1}{8} \end{pmatrix}$

2. $\begin{pmatrix} X & 1 & 2 & 3 & 4 \\ p & \dfrac{5}{8} & \dfrac{18}{64} & \dfrac{21}{256} & \dfrac{3}{256} \end{pmatrix}$, $\dfrac{93}{256}$

3. $\begin{pmatrix} X & -2 & 1 & 0 & 1 & 2 & 4 \\ p & \dfrac{6}{36} & \dfrac{8}{36} & \dfrac{1}{36} & \dfrac{12}{36} & \dfrac{6}{36} & \dfrac{3}{36} \end{pmatrix}$

4. $1-\dfrac{\sqrt{2}}{2}$, $\begin{pmatrix} X & -1 & 0 & 1 \\ p & \dfrac{1}{2} & \sqrt{2}-1 & \dfrac{3}{2}-\sqrt{2} \end{pmatrix}$

5. $\dfrac{2}{3}e^{-2}$

6. 0.16

7. 0.02

8. (1) 0.25, (2) 0.375

9. (1) $\dfrac{4^8}{8!}e^{-4}$, (2) $1 - \sum_{k=0}^{10} \dfrac{4^k}{k!}e^{-4}$

10. $\dfrac{2}{\pi}$, 0.5

11. 0.5, $1 - e^{-1}$

12. 0.6

13. $\dfrac{1}{3}, \dfrac{1}{3}$

14. 0.8

15. 0.86

16. 0.38, 0.63

17. (1) 0.16, 0.93, 0.31 (2) 10

18. (1) 0.34, 0.3 (2) 130

19. 0.95

20. 0.99

21. $F(x) = \begin{cases} 0 & x < 0 \\ \dfrac{1}{4} & 0 \leq x < 1 \\ 1 & 1 \leq x \end{cases}$

22. 略

23. $\dfrac{11}{12}, \dfrac{1}{6}, \dfrac{1}{2}, \dfrac{1}{12}$

24. $F(x) = \begin{cases} 0 & x < 0 \\ \dfrac{1}{2}x & 0 \leq x < 1 \\ 2x - \dfrac{3}{2} & 1 \leq x < 2 \\ 1 & 2 \leq x \end{cases}$

25. (1) $\dfrac{1}{8}$, (2) $\dfrac{1}{8}, \dfrac{37}{64}$, (3) $f(x) = \begin{cases} \dfrac{3}{8}x^2 & 0 < x < 2 \\ 0 & 其他 \end{cases}$

26. $\dfrac{1}{2}$, $F(x) = \begin{cases} 0 & 0 \geq x \\ \sqrt{x} & 0 < x < 1 \\ 1 & 1 \leq x \end{cases}$

27.

Y_1	0	$\frac{1}{2}$	1	$\frac{3}{2}$	2	$\frac{5}{2}$
P	$\frac{1}{12}$	$\frac{1}{4}$	$\frac{1}{3}$	$\frac{1}{12}$	$\frac{1}{6}$	$\frac{1}{12}$

Y_2	0	1	4	9	2
P	$\frac{1}{4}$	$\frac{5}{12}$	$\frac{1}{12}$	$\frac{1}{6}$	$\frac{1}{12}$

28.

Y_1	-1	0	1		Y_2	-2	0	2
P	0.3	0.4	0.3		P	0.2	0.6	0.2

29. $f_Y(y) = \begin{cases} \dfrac{2\ln y}{y} & 1 < y < e \\ 0 & 其他 \end{cases}$

30. $f_Y(y) = \begin{cases} e^y & y < 0 \\ 0 & y \geq 0 \end{cases}$

31. $Y \sim N(-1, 4)$

32. $f_Y(y) = \dfrac{1}{\pi(1+y^2)} \quad -\infty < y < +\infty$

习题 6

一、填空题

1. $\dfrac{5}{3}$

2. 4

3. $D(X) + D(Y)$

4. 0.75

5. $\dfrac{1}{3}$

6. $-1, 0.5$

7. $\dfrac{16}{3}$

8. 18.4

二、选择题

1. D 2. C 3. C 4. C 5. D 6. D 7. D

三、计算题

1. 0.3, 0.32

2. 5.8

3. (1) $\dfrac{N+1}{2}$, (2) $\sum\limits_{k=1}^{\infty} k \dfrac{(N-1)^k}{N^k}$

4. 2

5. $\dfrac{5}{3}, \dfrac{2}{3}$

6. 0.43

7. 4

8. $\dfrac{\pi(a^2+ab+b^2)}{3}$

9. 144.24

10. 6, −4, 1

11. 1000, $\sqrt{2}$

12. $\dfrac{1}{4}, \dfrac{9}{112}$

习题 7

一、填空题

1. 1.96, −1.2816, 18.3070, 22.4650, 1.8125, −1.6551, 2.5437, 0.3515
2. $n, 2, 2n$
3. $\chi^2(n-1), \chi^2(n)$
4. $\chi^2(2), 2$
5. $F, (1,1)$
6. $F, (n_2, n_1)$
7. $\dfrac{2}{3}$

二、选择题

1. C 2. C 3. C 4. D 5. D

三、计算题

1. $P(X_1=k_1, X_2=k_2, \cdots, X_n=k_n) = \dfrac{\lambda^{k_1+k_2+\cdots k_n}}{k_1! \cdot k_2! \cdot \cdots k_n!}(e^{-\lambda})^n, (k_1, k_2 \cdots, k_n = 0,1 \cdots, n)$

2. $f(x_1, x_2, \cdots, x_n) = \begin{cases} \lambda^n e^{-\lambda \sum\limits_{i=1}^{n} x_i}, x_i > 0 & (i=1,2,\cdots,n) \\ 0 & 其他 \end{cases}$

3. 0.8303
4. 0.2112
5. 35
6. 0.05   7. 0.8688   8. (1) 0.9901   (2) $\dfrac{2\sigma^4}{n-1}$ 9. 0.5486

习题 8

一、填空题

1. $2\overline{X}$ 2. $\overline{X}-1$ 3. $\dfrac{10}{75}$ 4. $\overline{X}$ 5. (4.4120, 5.5880)

二、选择题

1. B 2. D 3. A 4. C

三、计算题

1. 45, 11.0375

2. $2\overline{X}$, 0.9634

3. (1) $\hat{\theta} = \dfrac{\overline{X}}{1-\overline{X}}$ (2) $\hat{\theta} = \dfrac{2\overline{X}}{\sqrt{2\pi}}$ (3) $\hat{\theta} = \overline{X} - \mu$

4. (1) $\hat{\theta} = \dfrac{-\ln X_1 \cdot X_2 \cdots X_n}{n}$ (2) $\hat{\theta} = \sqrt{\dfrac{1}{2n}\sum_{i=1}^{n} X_i^2}$ (3) $\hat{\theta} = \overline{X} - \mu$

5. $\hat{\theta} = -\overline{X}$

6. (1) (5.6080, 6.3920)

   (2) (5.5584, 6.4416)

7. (7.4294, 21.0738)

8. (40.2213, 44.0787), (2.1505, 5.1543)

习题 9

一、填空题

1. 小概率事件在一次试验中不应发生。

2. 第一类或弃真

3. $U = \dfrac{\overline{X} - \mu_0}{\sigma/\sqrt{n}}$

4. $\chi^2 = \dfrac{(n-1)s^2}{\sigma_0^2}$

5. $\left\{\chi^2 \bigg| \chi^2 = \dfrac{(n-1)s^2}{\sigma_0^2} \leqslant \chi_{1-\alpha/2}^2(n-1)\right\} \cup \left\{\chi^2 \bigg| \chi^2 = \dfrac{(n-1)s^2}{\sigma_0^2} \geqslant \chi_{\alpha/2}^2(n-1)\right\}$

   [4.7100, 5.6900], 接受

6. $\mu \neq \mu_0$, $\mu < \mu_0$

7. $\chi^2 = \dfrac{(n-1)s^2}{\sigma_0^2}$, $(-\infty, 2.7004) \cup (19.0228, +\infty)$

二、选择题

1. C 2. B 3. B 4. C 5. C

三、计算题

1. 有显著差异。

2. $H_0: \mu = 3.25$, $H_1: \mu \neq 3.25$

   接受原假设，认为这批矿砂的镍含量的均值为 3.25。

3. $H_0: \mu \leqslant 2$, $H_1: \mu > 2$

(1) 接受原假设，即这批鸡的平均重量没有提高。

（2）接受原假设，即这批鸡的平均重量没有提高。

4. $H_0:\mu \leq 10, H_1:\mu > 10$

   接受原假设，认为装配时间的均值不大于10。

5. $H_0:\mu_1 \leq \mu_2, H_1:\mu_1 > \mu_2$

   接受原假设，第一号渔场的马面鲍体长不显著长于第二号渔场的。

6. $H_0:\sigma = 75, H_1:\sigma \neq 75$

   接受原假设，认为灌装商品重量的标准差为 $\sigma = 75$g。

习题 10

一、填空题

1. （1）若干，均值

   （2）总偏差平方和，$\sum_{i=1}^{p}\sum_{j=1}^{n_i}(X_{ij}-\overline{X}_{i\cdot})^2$，组内或误差的偏差，某因素的偏差

   （3）$p-1$（p 为样本组数），χ^2

2. （1）函数，线性回归

   （2）一元线性回归，多元线性回归

   （3）$\overline{Y}-\beta_1\overline{x}$，$\dfrac{\sum_{i=1}^{n}(x_i-\overline{x})(Y_i-\overline{Y})}{\sum_{i=1}^{n}(x_i-\overline{x})^2}$

二、选择题

1. A 2.（1）D （2）D （3）A （4）A

三、计算题

1. x = [256 222 280 298;244 300 290 275;250 277 230 322;288 280 315 259;206 212 220 212];

   [p,table,stats] = anova1(x')

   不同品种的亩产量有显著影响。

2. x = [90 91 96 84 84;92 93 96 83 86;88 92 93 88 82];

   [p,table,stats] = anova1(x)

   温度对得律有显著差异。

3. x = [40 48 38 42 45;26 34 30 28 32;39 40 43 50 50]';

   [p,table,stats] = anova1(x)

   电池的平均寿命有差异。

4. x1 = [73 66 73 89 60 77 82 45 43 93 36 80];

   x2 = [56 80 74 96 85 76 51 62 91 78 48 31 78 77 88];

   x3 = [79 71 15 91 53 71 59 56 68 68 41 79 87];

   x = [x1,x2,x3];

   g = [1*ones(1,length(x1)),2*ones(1,length(x2)),3*ones(1,length(x3))];

   [p,table,stats] = anova1(x,g)

各班级的平均分数无显著差异。

5. x = [32.0 28.5 24.3 29.6;34.8 30.8 32.6 27.3;8.3 11.0 6.2 5.8;19.0 18.3 17.4 21.6; 24.2 25.0 32.8 29.2]';

   [p,table,stats] = anova1(x)

   这些百分比的均值有显著差异。

6. (1) x = [76 67 81 56 51;82 69 96 59 70;68 59 67 54 42;63 56 64 58 37]';

   [p,table,stats] = anova1(x)

   在不同时间下颗粒状物含量的均值无显著差异。

   (2) x = [76 67 81 56 51;82 69 96 59 70;68 59 67 54 42;63 56 64 58 37];

   [p,table,stats] = anova1(x)

   在不同时间下颗粒状物含量的均值有显著差异。

7. x = [93 92 92 70 82 76 75 76 68 60];

   y = [94 90 86 86 72 70 68 66 64 62]';

   X = [ones(1,10);x]';

   [b,bint,r,rint,stats] = regress(y,X,0.05)

   回归方程 $y = 11.0324 + 0.8261x$

8. x = [10 10 8 8 8 12 12 12 11 11];

   y = [100 150 200 180 250 300 280 310 320 300]';

   plot(x',y,'*')

   X = [ones(1,10);x]';

   [b,bint,r,rint,stats] = regress(y,X,0.05)

   回归方程 $y = -24.7656 + 25.8594x$

9. x = [68.5 70.8 71.2 72.2 73.8 75.7 76.6 76.6 81.8];

   y = [1.25 1.22 0.72 0.93 0.74 0.68 0.85 0.58 0.21]';

   X = [ones(1,9);x]';

   [b,bint,r,rint,stats] = regress(y,X,0.05)

   (1) 回归方程 $y = 6.0178 - 0.0704x$

   (2) 0.0259

   (3) 回归效果显著

10. x = [49.2 50 49.3 49 49.5 49.8 50.2 50.2 50.3];

    y = [16.7 17 16.8 16.6 16.7 16.8 16.9 17 17 17.1];

    plot(x,y,'*')

    X = [ones(1,10);x]';

    [b,bint,r,rint,stats] = regress(y',X,0.05)

    (1) 存在线性关系

    (2) 回归方程 $y = 1.3247 + 0.3129x$

11. x = [1 3 5 10 21 23 40 49 53 59];

    y = [5 7 21 38 100 110 239 306 340 360];

```
plot(log(x),log(y),'*')
X = [ones(1,10);log(x)]';
[b,bint,r,rint,stats] = regress(log(y)',X,0.05)
```
(1) $a = 3.2472, b = 1.1440$

(2) 回归效果显著。

参 考 文 献

[1] 吴赣昌．线性代数(经管类第四版)[M]．北京:中国人民大学出版社,2011．
[2] 同济大学数学系．工程数学:线性代数(第五版)[M]．上海:同济大学出版社,2007．
[3] 李继玲．实用线性代数与概率统计[M]．北京:北京大学出版社,2010．
[4] 孙激流,沈大庆．概率论与数理统计[M]．北京:首都经济贸易大学出版社,2005．
[5] 同济大学数学系．工程数学:概率论与数理统计[M]．上海:同济大学出版社,2007．
[6] 何书元．概率论[M]．北京:北京大学出版社,2006．
[7] 刘二根,王广超,朱旭升．Matlab 软件与数学实验[M]．北京:国防工业出版社,2014．
[8] 周建兴．Matlab 从入门到精通[M]．北京:人民邮电出版社,2011．
[9] 章栋恩,马玉兰,徐美萍,等．Matlab 高等数学实验[M]．北京:电子工业出版社,2008．
[10] 宋兆基,徐流美．Matlab6.5 在科学计算中的应用[M]．北京:清华大学出版社,2005．